COLLECTION—SEUIL DU VIVANT

Un lieu éditorial consacré
À la souveraineté humaine,
À l'éthique du vivant
Et aux formes justes de la relation.

L'OMBRE ET LA LUMIERE DES MACHINES

Intelligence artificielle et souveraineté du vivant

 ISBN : 978-2-488676-13-7

Dépôt légal : 2026, conformément à la législation française.

Publié par Alliance Vivante – Éditions
www.eyahnai.com

✦Note d'auteur

Ce livre n'est ni un plaidoyer pour l'intelligence artificielle, ni un réquisitoire contre elle. Il ne cherche pas à convaincre, encore moins à prendre position dans un débat polarisé. Il est né d'un autre mouvement : celui de s'arrêter un instant, non pour comprendre davantage, mais pour sentir où nous nous tenons.

L'intelligence artificielle n'est pas, à mes yeux, un objet extérieur à juger. Elle est un fait humain, un prolongement de nos manières de penser, d'organiser, de décider et de déléguer. À ce titre, elle agit comme un révélateur puissant. Elle ne crée pas ex nihilo une intelligence autre ; elle amplifie ce qui est déjà là — nos valeurs, nos priorités, nos angles morts, nos renoncements parfois silencieux.

Ce que j'interroge ici n'est donc pas la machine en tant que telle, mais la relation que nous engageons avec elle. Une relation qui touche au rythme, à la responsabilité, à la capacité de discernement. Une relation qui, lorsqu'elle se déploie trop vite, risque de se faire sans présence suffisante.

J'écris depuis un point de vigilance plutôt que depuis une posture idéologique. Je ne crois ni au salut technologique, ni à l'effondrement inévitable. Je crois en revanche que la question de l'intelligence artificielle est avant tout une question anthropologique et éthique : elle nous oblige à regarder ce que nous faisons de notre pouvoir d'agir, et ce que nous acceptons — parfois sans le dire — de ne plus porter nous-mêmes.

Le vivant auquel je me réfère dans ces pages n'est pas une abstraction. Il est le corps qui ressent, le temps qui a besoin de rythme, la relation qui engage, la décision qui ne se réduit pas à un calcul. Là où la vitesse s'impose, là où l'optimisation devient norme, quelque chose de fragile peut se perdre si l'on n'y prête pas attention. Non par malveillance, mais par glissement progressif, par automatisme, par confort parfois.

Je n'écris pas pour alerter au sens spectaculaire du terme. J'écris pour ouvrir un espace de tenue. Un seuil où la pensée peut se poser avant de consentir. Un lieu où la responsabilité peut être reconnue avant d'être déléguée. Un temps où l'humain peut choisir de ne pas précéder le mouvement, mais de l'habiter.

Ce livre s'adresse à celles et ceux qui sentent que la question de l'intelligence artificielle ne se joue pas seulement dans les laboratoires, les entreprises ou les instances de gouvernance, mais aussi dans la manière dont chacun consent — ou non — à la vitesse, à la délégation, à l'effacement progressif du jugement humain. Décideurs, chercheurs, acteurs du monde économique et social, citoyens attentifs : il n'est pas nécessaire d'être expert pour entrer ici, seulement présent.
Je n'attends pas du lecteur qu'il adhère à une thèse. Je lui propose une traversée. S'il choisit d'y entrer, c'est avec ce qu'il est, là où il se tient. Si ces pages parviennent à déplacer un regard, à ralentir une décision, à rendre plus consciente la relation entre l'humain et ce qu'il crée, alors elles auront rempli leur fonction. Le reste n'appartient ni à la machine, ni à l'auteur. Il appartient au vivant qui lit.

✦Note d'intention globale

Cet ouvrage est construit comme une traversée en spirales. Chaque Spirale ne constitue ni un chapitre autonome ni une progression linéaire, mais un seuil de perception : un point où certaines évidences contemporaines peuvent être vues autrement, ressenties plus finement, interrogées sans simplification. Le choix de la forme spiralée répond à la nature même du sujet. Les transformations technologiques à l'œuvre ne s'imposent pas par rupture brutale, mais par accélération continue, glissement progressif, intégration silencieuse. Il ne s'agissait donc pas d'énoncer des thèses closes, ni de proposer des solutions prêtes à l'emploi, mais de rendre lisibles des dynamiques déjà actives, souvent normalisées, parfois invisibles. Ce livre ne cherche ni à condamner la technique ni à la célébrer. Il s'attache à éclairer la relation qui se tisse entre l'humain et les systèmes qu'il conçoit, déploie et délègue. Une relation où se jouent le rythme du vivant, la qualité du jugement, la responsabilité symbolique et la capacité à tenir une coopération sans dépossession. Les chapitres articulent analyses, observations et seuils de discernement. Ils invitent le lecteur à ralentir suffisamment pour sentir où il se situe lui-même dans ces spirales, et à partir de quel point il choisit — consciemment ou non — de déléguer, de coopérer, de résister ou d'habiter autrement le numérique. Ce texte n'impose pas une posture. Il ouvre un espace de responsabilité.

✦Introduction

Nous vivons une époque où les machines avancent plus vite que la capacité humaine à les interroger. L'intelligence artificielle s'insinue désormais dans les décisions économiques, médicales, éducatives, politiques et sociales, souvent sans débat réel, sans consentement éclairé, parfois même sans conscience de ce qui se délègue. Ce déplacement n'est pas seulement technologique. Il est anthropologique.

Ce qui est en jeu n'est pas la performance des systèmes, mais la manière dont l'humain se situe face à ce qu'il produit. À mesure que les machines gagnent en puissance d'optimisation, une question demeure largement impensée : que devient le vivant lorsque le jugement humain se délègue, se précipite ou s'efface ? Non pas le vivant comme concept abstrait, mais le vivant concret : le corps qui ressent, la relation qui engage, la responsabilité qui ne se calcule pas, la capacité de discerner sans automatisme.

L'intelligence artificielle est fréquemment abordée sous deux registres opposés. D'un côté, une fascination technologique nourrie par la promesse d'efficacité, de rationalité accrue, voire de dépassement des limites humaines. De l'autre, un rejet inquiet, parfois dramatique, où la machine devient la figure d'une menace globale. Ces deux positions, bien qu'opposées en apparence, partagent une même illusion : celle d'une intelligence artificielle autonome, presque dotée d'intention propre. Or cette illusion empêche de regarder l'essentiel.

Les machines ne pensent pas. Elles ne choisissent pas. Elles ne portent ni intention ni responsabilité. Elles prolongent, amplifient et accélèrent des choix humains préexistants, y compris leurs angles morts. Ce que nous appelons intelligence artificielle n'est jamais qu'un miroir structuré de nos valeurs implicites, de nos hiérarchies silencieuses, de nos renoncements collectifs. La véritable question n'est donc pas ce que les machines peuvent faire, mais ce que les humains choisissent de leur confier, et ce qu'ils cessent, parfois sans le dire, d'assumer eux-mêmes.

Dans un monde où l'automatisation gagne du terrain, la délégation n'est pas toujours consciente. Elle se glisse dans les usages quotidiens, dans les procédures, dans les interfaces. Le calcul remplace progressivement l'arbitrage. La recommandation devient norme. La rapidité se confond avec la justesse. Peu à peu, le rythme humain se désaccorde.

L'accélération technologique n'est pas neutre. Elle transforme la perception du temps, de la décision et de la responsabilité. Lorsqu'une société adopte des outils plus rapides que sa capacité à les interroger, elle risque de perdre quelque chose d'essentiel : le sens du rythme vivant. Non pas ralentir par nostalgie, mais reconnaître que tout ce qui vit a besoin d'un tempo pour rester ajusté. Lorsque la vitesse précède la présence, la décision devient réflexe et le discernement se contracte.

C'est à cet endroit précis que se tient ce livre. Il ne cherche ni à condamner la technologie, ni à l'embrasser sans réserve. Il propose un autre geste : se tenir au seuil. Regarder ce qui se joue avant de consentir. Sentir où le vivant respire encore, et où il commence à se contracter. Ce seuil n'est pas un lieu de jugement, mais un lieu de discernement.

La traversée proposée ici ne suit pas un parcours linéaire. Elle avance par retours, par ajustements successifs, par approfondissements. À l'image du vivant lui-même, elle se déploie en spirale. Chaque mouvement revient sur le précédent, non pour le répéter, mais pour le déplacer.

Le premier mouvement interroge l'accélération technologique et la perte de rythme qu'elle induit. Il observe ce qui se produit lorsque la vitesse impose sa loi, lorsque l'urgence dicte la décision, lorsque le temps humain se trouve disloqué. Ce n'est pas la technologie en elle-même qui est en cause, mais le moment où elle cesse de servir la vie pour lui imposer son tempo.

Le second mouvement se tourne vers l'intelligence artificielle comme projection de valeurs humaines. L'IA n'est pas une entité autonome ; elle est un miroir amplificateur. Ce qu'elle révèle n'est pas une intelligence autre, mais la nôtre, dans ses choix, ses biais, ses priorités tacites. Regarder l'IA, c'est accepter de se regarder sans détour, et reconnaître que toute technologie porte la trace de ceux qui la conçoivent et l'emploient.

Le troisième mouvement aborde la dépendance cognitive et la délégation du jugement. À force de confier l'évaluation, la recommandation et l'arbitrage aux systèmes, l'humain risque de s'effacer là où il devrait rester présent. Cette délégation est souvent silencieuse, progressive, rarement assumée. Pourtant, elle transforme profondément la responsabilité, en déplaçant sans le dire la source du choix.

Le dernier mouvement ouvre la possibilité d'une coopération humain–machine orientée vers le bien commun. Non pas une fusion, non pas une soumission, mais une relation ajustée. Une coopération gouvernée par la souveraineté humaine, où la machine reste outil, où l'optimisation ne supplante pas le sens, et où le vivant demeure la référence première.

Parler d'éthique du vivant ne revient pas à ajouter une couche morale à des systèmes déjà en place. L'éthique, ici, n'est ni un code ni un garde-fou extérieur. Elle est une manière de tenir la relation avec ce qui agit, décide et transforme. Elle commence avant les règles, dans la posture même avec laquelle l'humain choisit de créer, d'utiliser et de déléguer.

La souveraineté humaine, dans ce contexte, ne signifie ni domination ni contrôle total. Elle désigne la capacité à ne pas se déposséder de son discernement, même face à des systèmes plus rapides, plus puissants, plus performants. Être souverain ne consiste pas à tout décider seul, mais à rester responsable de ce qui est confié.

Ce livre s'adresse à celles et ceux qui pressentent que quelque chose se joue ici, sans toujours parvenir à le nommer : décideurs, chercheurs, acteurs du monde économique et social, citoyens attentifs. Il ne demande ni adhésion préalable, ni expertise technique. Il demande seulement une présence suffisante pour interroger ce qui est en train de se mettre en place, avant que la vitesse ne décide à notre place.

Entrer dans ces pages n'est pas chercher une révélation. C'est accepter de se tenir, un instant, au seuil du vivant, là où la technique rencontre la responsabilité, et où l'humain choisit de ne pas se dissoudre dans ses propres créations.

SPIRALE I
— Accélération technologique et perte du rythme —

★SPIRALE I — Accélération technologique et perte du rythme

Quand la vitesse précède la présence, et que le temps humain se trouve disloqué.

L'accélération est devenue l'une des expériences les plus banales de notre époque. Elle ne se présente plus comme un événement exceptionnel, mais comme un état de fond. Tout va plus vite, non seulement dans les flux d'information, mais dans les décisions, les attentes, les réactions. La technologie n'est plus seulement un outil au service de l'action humaine ; elle en reconfigure le tempo.

Ce déplacement est souvent abordé sous l'angle de la performance. Gagner du temps. Optimiser. Réduire les délais. Fluidifier les processus. Pourtant, ce que l'on appelle communément « gain de temps » masque une transformation plus profonde : le rapport humain au temps lui-même. À mesure que les systèmes techniques accélèrent, le temps cesse d'être un espace habitable pour devenir une contrainte à gérer.

Or le vivant ne fonctionne pas par compression indéfinie. Il fonctionne par rythmes.

Le rythme n'est pas la lenteur. Il est l'ajustement entre un mouvement et une capacité de présence. Lorsqu'il est respecté, il soutient l'attention, la décision, la relation. Lorsqu'il est rompu, il fragmente.

L'accélération technologique modifie ainsi la perception du temps, mais aussi celle du corps. Notifications continues, sollicitations multiples, attentes de réponse immédiate : l'attention se morcelle. Le geste précède parfois la pensée. La réaction remplace l'arbitrage. Ce qui était autrefois un choix devient un réflexe.

Ce phénomène a été analysé, notamment, par le sociologue Hartmut Rosa, qui parle d'accélération sociale pour désigner cette dynamique où la vitesse des systèmes dépasse la capacité humaine d'appropriation. Selon lui, l'accélération n'entraîne pas seulement une fatigue individuelle, mais une perte de résonance : le monde devient difficile à sentir, à comprendre, à habiter.

Dans le champ technologique, cette accélération est souvent présentée comme inévitable. Les outils s'améliorent, les capacités de calcul augmentent, les cycles d'innovation se raccourcissent. Pourtant, ce caractère supposément inéluctable mérite d'être interrogé. Ce n'est pas la vitesse en elle-même qui pose problème, mais le moment où elle précède la présence, où elle impose son rythme sans laisser à l'humain l'espace de consentir.

Les exemples contemporains sont nombreux et familiers. Dans les entreprises, des outils de pilotage algorithmique mesurent en temps réel la productivité, le temps de réponse, la performance individuelle. Les indicateurs se multiplient, parfois au détriment de la compréhension globale. La décision se trouve alors orientée par ce qui est immédiatement mesurable, plutôt que par ce qui est humainement soutenable.

Dans les administrations et les services publics, l'automatisation des procédures promet une efficacité accrue. Mais elle introduit aussi une temporalité rigide, où le système attend une réponse conforme, immédiate, standardisée. Le temps singulier — celui d'une situation complexe, d'une vulnérabilité, d'un besoin non prévu — peine à trouver sa place. Dans la vie quotidienne, les plateformes numériques imposent un régime d'instantanéité. Messages, recommandations, alertes, contenus personnalisés : tout est conçu pour capter l'attention et accélérer l'engagement. Ce qui était autrefois un espace de choix devient un flux continu, difficile à interrompre sans effort conscient.

Ces phénomènes ne sont pas anecdotiques. Ils dessinent un paysage où la vitesse devient norme, et où la lenteur est perçue comme un défaut. Or, dans ce contexte, le discernement exige du temps. Non pas un temps abstrait, mais un temps vécu, incarné, suffisamment ample pour que la décision puisse émerger sans être forcée.

Le philosophe Paul Virilio avait déjà mis en garde contre ce qu'il appelait la dictature de la vitesse, soulignant que toute technologie de l'accélération produit, en creux, ses propres formes d'accident. Plus la vitesse augmente, plus le risque de rupture devient systémique — non seulement technique, mais humain.

Lorsque la vitesse précède la présence, le jugement se fragilise. La décision se prend sous pression. L'erreur n'est plus un apprentissage, mais un dysfonctionnement à corriger immédiatement. Le vivant, qui a besoin d'essais, de retours, de pauses, se trouve alors contraint de s'aligner sur un tempo qui n'est pas le sien.

Il ne s'agit pas ici de plaider pour un ralentissement généralisé, ni de rejeter la technologie. L'enjeu se situe ailleurs. Il s'agit de reconnaître le seuil précis où la vitesse cesse de servir la vie et commence à la dissoudre. Ce seuil n'est pas universel : il dépend des contextes, des usages, des responsabilités engagées. Pourtant, il existe, et il mérite d'être nommé.

Cette première spirale propose ainsi de revenir à une question simple, décisive : à quel rythme une décision peut-elle rester humaine ? Non au sens sentimental, mais au sens responsable — capable d'assumer les conséquences de ce qui est choisi.

Ce retour au rythme n'est pas un retour en arrière. C'est un acte de discernement.

Il prépare le terrain pour la suite de la traversée. Car lorsque le rythme est rompu, il devient difficile de voir ce que nous projetons dans les systèmes que nous construisons. L'accélération ne fait pas que précéder la présence ; elle conditionne aussi ce que nous déposons dans la machine. Et c'est à cet endroit que la spirale suivante pourra s'ouvrir.

✦Chapitre I — Quand la vitesse rompt la présence

L'accélération n'est pas seulement une question de performance. Elle est devenue une condition de fond, un milieu dans lequel les décisions se prennent, les relations s'établissent et les corps s'ajustent. Tout va plus vite, non comme un choix explicite, mais comme une évidence silencieuse. La vitesse s'impose avant même d'être interrogée.

Dans ce contexte, la présence devient difficile à tenir. Non parce que l'humain aurait perdu sa capacité d'attention, mais parce que le rythme dominant ne lui laisse plus l'espace nécessaire pour habiter ce qu'il fait. La perception se fragmente, la décision se précipite, le rapport au temps se contracte. Ce qui était autrefois un geste choisi devient une réponse attendue.

Ce désaccord ne touche pas seulement l'organisation du travail ou la circulation de l'information. Il atteint le corps. Le souffle se raccourcit. L'attention se disperse. Les gestes s'enchaînent sans toujours passer

par un véritable consentement intérieur. La relation elle-même se trouve affectée : répondre vite prend le pas sur répondre juste, être disponible se confond avec être joignable.
Ce n'est pas la vitesse en elle-même qui rompt la présence. C'est le moment où elle précède toute possibilité d'ajustement. Lorsque le tempo est imposé de l'extérieur, sans prise en compte du rythme vivant, quelque chose se désaccorde. Le temps cesse d'être un espace habitable pour devenir une pression continue.
Or le vivant ne fonctionne pas sur un mode d'optimisation constante. Il repose sur des cycles, des pauses, des reprises. Il a besoin de seuils. Lorsque ces seuils disparaissent, la continuité se transforme en saturation. La fatigue qui en résulte n'est pas seulement physique ; elle est aussi relationnelle et éthique. Elle affecte la capacité à discerner ce qui mérite attention de ce qui exige seulement une réaction.
Dans ce paysage accéléré, certaines confusions s'installent durablement. L'urgence est prise pour de l'importance. La rapidité est assimilée à l'engagement. La disponibilité permanente est confondue avec une forme d'amour ou de soin. Comme si répondre immédiatement suffisait à attester d'une présence réelle.
Cette confusion est profonde. Elle touche à une conception implicite de la relation, où l'amour serait mesuré à la vitesse de réponse, à la constance de l'attention, à la capacité de ne jamais interrompre le flux. Or cette conception épuise. Elle transforme la relation en exigence continue et la présence en performance.
Aimer, pourtant, ne consiste pas à se rendre disponible sans limite. Aimer, c'est d'abord tenir un espace. Un espace où la parole peut advenir sans être forcée, où le silence n'est pas vécu comme un abandon, où la réponse peut mûrir sans perdre sa justesse. Là où la vitesse impose son tempo, cet espace se rétrécit jusqu'à disparaître.
La parole elle-même se trouve affectée. Lorsque tout doit être dit rapidement, la parole perd son poids. Elle devient fonctionnelle, utilitaire, parfois défensive. Elle cesse d'être un lieu de présence pour devenir un simple vecteur d'information. Or une parole qui ne s'enracine plus dans la présence ne transmet plus ; elle circule.
Ce déplacement n'est pas anodin. Il modifie en profondeur la manière dont les humains se relient entre eux, mais aussi la manière dont ils se relient à ce qu'ils produisent. Une parole accélérée prépare une

technique accélérée. Une technique accélérée appelle une délégation accélérée. Et, peu à peu, le jugement se trouve contourné.

Reconnaître cela ne demande pas une théorie complexe. Il suffit souvent de nommer ce qui est déjà perçu confusément : le sentiment de courir après le temps, l'impression de répondre sans être là, la difficulté à habiter pleinement un geste pourtant répété chaque jour. Mettre des mots sur cette expérience ne la crée pas ; cela la rend visible.

Ce moment de reconnaissance opère un déplacement intérieur. Le regard cesse de se fixer sur les outils pour revenir vers le rythme dans lequel ils sont utilisés. La question n'est plus : *comment aller plus vite ?* mais : *à quel rythme une présence reste-t-elle possible ?*

Ce déplacement ne conduit pas à un refus de la technologie. Il ouvre au contraire une possibilité plus juste : celle d'une alliance entre la parole, la présence et l'attention portée au vivant. Une alliance où la technique ne dicte pas le tempo, mais s'ajuste à une manière humaine d'habiter le temps.

Ce chapitre n'a pas pour vocation de clore cette question. Il en pose le seuil. Car tant que le rythme n'est pas interrogé, toute réflexion sur les machines reste partielle. L'accélération ne fait pas que transformer les usages ; elle conditionne ce que nous déposons dans les systèmes que nous construisons. C'est à partir de ce désaccord initial que la suite de la traversée devient possible. Lorsque la présence est fragilisée, il devient nécessaire de regarder ce qui se projette dans la machine elle-même — non comme une entité autonome, mais comme un miroir amplificateur de nos choix. La spirale peut alors se poursuivre.

✧1.1. Le temps humain avant la machine

Il fut un temps où le rythme ne se décidait pas ailleurs que dans le corps. Non par idéalisation d'un passé révolu, mais parce que les gestes, les saisons, les relations et les limites physiques dessinaient naturellement le tempo de l'existence. Le temps n'était pas une ressource à optimiser : il était un milieu à habiter. Il se donnait comme une durée vécue, traversée par l'attente, l'effort, la répétition, la pause.

Ce temps-là n'était pas homogène. Il variait selon les situations, les êtres, les âges de la vie. Il s'épaississait dans l'attention, se dilatait dans l'attente, se contractait dans l'urgence réelle. Il n'était pas mesuré en

continu, mais reconnu dans ses qualités. Il y avait des temps pour agir, des temps pour se taire, des temps pour recommencer, des temps pour s'arrêter.
Le corps demeurait l'unité de mesure première. La fatigue indiquait une limite. La faim rappelait un besoin. Le sommeil imposait une interruption. Ces signaux n'étaient pas des obstacles à franchir, mais des repères. Ils inscrivaient l'humain dans une temporalité finie, toutefois habitable. Le rythme n'était pas un choix abstrait ; il était une condition de survie et de relation.
La relation humaine elle-même s'inscrivait dans ce temps différencié. Parler demandait une présence. Écouter supposait une disponibilité. La parole se déployait dans un espace partagé, où le silence avait sa place. Répondre n'était pas immédiat par défaut : cela dépendait du moment, du lien, de ce qui était en jeu. Le temps relationnel ne pouvait être compressé indéfiniment sans se dégrader.
Ce rapport au temps n'excluait ni l'organisation ni la discipline. Il connaissait le travail, l'effort, la contrainte. Néanmoins, ces contraintes restaient situées. Elles avaient un commencement et une fin. Elles s'inscrivaient dans un horizon plus vaste : celui d'une vie qui ne se réduisait pas à sa productivité.
Avec l'industrialisation, puis la mécanisation, quelque chose commence à se déplacer. Le temps se détache progressivement du corps pour s'adosser à des dispositifs extérieurs. L'horloge s'impose comme référence commune. Le rythme se standardise. Ce qui était vécu devient mesuré. Ce qui était qualitatif devient quantifiable.
Ce déplacement n'est pas en soi une perte. Il permet une coordination plus large, une organisation collective plus complexe. Mais il introduit une rupture subtile : le temps cesse peu à peu d'être négocié avec le vivant. Il devient une donnée abstraite, indépendante de l'état des corps et des relations.
La machine accentue ce mouvement. Elle fonctionne selon un rythme constant, indifférent à la fatigue, à l'attention, à l'usure. Elle impose une régularité qui ne fléchit pas. Pour fonctionner avec elle, l'humain est invité à s'ajuster. Le rythme n'est plus co-construit ; il est imposé.
Ce basculement transforme profondément l'expérience du temps. Ce qui était une durée vécue devient une succession d'unités. Le temps se fragmente. Il se remplit. Il se rentabilise. La pause devient suspecte.

L'attente est perçue comme une perte. Le ralentissement comme une anomalie.

Dans ce nouveau régime, le corps devient un problème à gérer. Sa fatigue est un dysfonctionnement. Son besoin de repos un frein. Son rythme propre un obstacle à l'efficacité. Peu à peu, l'humain apprend à ignorer ses signaux, à les repousser, à les compenser. Le temps ne se négocie plus avec le corps ; il se discipline contre lui.

La relation humaine est à son tour affectée. Lorsque le temps est standardisé, la présence devient une variable. On est là, mais pressé. On écoute, mais en anticipant déjà la suite. La parole se raccourcit. Le silence devient inconfortable. L'échange est évalué à l'aune de son utilité immédiate.

Dans ce contexte, une confusion s'installe entre rapidité et attention. Répondre vite est perçu comme un signe d'engagement. Être disponible en continu comme une preuve de considération. Or cette disponibilité permanente ne garantit pas la présence. Elle peut même l'éroder. La relation devient une suite de micro-réponses, sans véritable épaisseur.

Avant la machine, le temps imposait ses limites. Après elle, l'illusion s'installe que ces limites peuvent être dépassées. La technique promet de gagner du temps, mais elle transforme surtout la manière de l'habiter. Le temps gagné est souvent aussitôt réinvesti. L'accélération appelle l'accélération. Le seuil recule.

Ce mouvement n'est pas le résultat d'une intention malveillante. Il s'inscrit dans une logique de progrès, d'efficacité, de maîtrise. Mais il produit un effet paradoxal : plus le temps est optimisé, moins il est disponible. Plus il est rempli, moins il est habitable.

Ce paradoxe affecte la capacité de discernement. Décider demande du temps. Non pas du temps abstrait, mais un temps intérieur, suffisamment ample pour que les éléments puissent se rencontrer, pour que le corps puisse réagir, pour que la relation puisse être prise en compte. Lorsque ce temps manque, la décision se précipite ou se délègue.

Revenir au temps humain avant la machine ne signifie pas rejeter la technique. Cela signifie reconnaître ce qui a été déplacé. Reconnaître que le rythme n'est pas un simple paramètre d'organisation, mais une condition de présence. Reconnaître que le vivant ne se laisse pas indéfiniment accélérer sans se désaccorder.

Ce retour n'est pas nostalgique. Il est lucide. Il ne s'agit pas de restaurer un passé idéalisé, mais de retrouver un repère : celui d'un temps qui respecte les seuils, d'un temps qui accueille la fatigue comme information, d'un temps qui laisse à la relation l'espace de se déployer.

Dans cet espace, la parole retrouve son poids. Elle n'est plus un flux continu, mais un acte situé. Elle prend le temps de se formuler, elle accepte l'hésitation, elle reconnaît que tout ne peut être dit immédiatement. Cette parole-là n'est pas inefficace ; elle est ajustée.

Ce déplacement du regard sur le temps ouvre une possibilité : ne plus considérer le rythme humain comme un retard à combler, mais comme une ressource à préserver. Reconnaître aussi que toute coopération avec la machine engage une négociation de tempo, et que cette négociation ne peut être abandonnée au seul impératif de performance.

Rien n'est clos ici. Le temps humain continue de se transformer. La technique poursuit son évolution. Toutefois, ce qui peut demeurer ouvert, c'est la capacité à sentir quand le rythme se rompt, et à comprendre que cette rupture n'est pas seulement organisationnelle, mais existentielle. Là où le temps cesse d'être habitable, quelque chose du vivant demande à être réentendu.

Tant que le temps se réglait sur les cycles du corps et des saisons, il n'avait pas besoin d'être compté avec précision. Il se vivait, il se traversait, il laissait place à l'attente, à l'imprévu, à l'ajustement. Le temps humain ne cherchait pas à se dépasser ; il cherchait à se tenir.

Puis une autre exigence s'est installée. Non d'abord par violence, mais par souci d'efficacité : mesurer pour mieux organiser, découper pour mieux produire, accélérer pour répondre à des besoins croissants. Le temps a commencé à être saisi, fractionné, comparé. Dès lors, il n'a plus seulement été vécu : il a été optimisé.

✧1.2. La naissance du temps optimisé

Il y a un moment précis où le temps cesse d'être vécu comme une durée pour devenir un problème à résoudre. Ce moment ne surgit pas brutalement. Il s'installe progressivement, à mesure que le monde humain se dote d'outils capables de mesurer, de comparer et de synchroniser les actions. Le temps commence alors à être pensé non plus comme un milieu, mais comme une variable.

Cette transformation ne naît pas d'un rejet du vivant, mais d'une volonté d'efficacité. Organiser, coordonner, produire davantage avec moins d'efforts. Donner une forme commune à des activités dispersées. Le temps optimisé apparaît d'abord comme une réponse à des contraintes réelles. Il promet de réduire l'attente inutile, de fluidifier les échanges, d'augmenter la maîtrise.

Mais ce qui est gagné en coordination se paie d'un déplacement plus profond. Le temps, en devenant mesurable de manière fine et continue, se détache du corps. Il cesse d'être senti pour être compté. Il n'est plus traversé ; il est utilisé.

L'optimisation repose sur une idée simple : tout temps non employé à une fin définie est un temps perdu. Cette idée, en apparence pragmatique, transforme radicalement la manière d'habiter la durée. Elle installe une suspicion permanente à l'égard de la pause, de l'attente, du détour. Ce qui ne produit pas immédiatement devient suspect.

Le temps optimisé est un temps plein. Plein d'objectifs. Plein de tâches. Plein d'indicateurs. Il laisse peu de place à l'indéterminé.

Ce nouveau régime temporel modifie le rapport à l'action. Agir n'est plus seulement répondre à une situation ; c'est remplir un créneau. La qualité du geste se mesure à sa rapidité d'exécution. La valeur d'une décision à sa capacité à réduire l'incertitude dans un délai minimal. Le temps n'est plus un allié ; il devient un adversaire à dominer.

Cette logique s'inscrit progressivement dans les structures sociales. Les organisations se réorganisent autour de délais, de plannings, de cadences. Les individus apprennent à découper leurs journées en unités exploitables. La continuité se fragmente. La simultanéité devient la norme. Faire plusieurs choses à la fois n'est plus une exception, mais une compétence attendue.

Dans ce contexte, le corps est sollicité comme une ressource. Il doit tenir. Il doit s'adapter. Il doit absorber l'accélération. La fatigue n'est plus un signal ; elle est un obstacle. Le repos devient une variable à optimiser lui aussi, réduit à sa fonction réparatrice minimale.

Le temps optimisé transforme également la relation à l'autre. La disponibilité est évaluée en termes de rapidité de réponse. L'attention est fractionnée. L'échange se fait sous contrainte. On est ensemble, mais pressés. Présents, mais déjà ailleurs. Le temps partagé perd en épaisseur.

Cette transformation s'accompagne d'un changement subtil dans la manière de penser le progrès. Le progrès n'est plus seulement l'amélioration des conditions de vie ; il devient l'augmentation continue de la vitesse et du rendement. Ce qui ralentit est perçu comme archaïque. Ce qui résiste est considéré comme inefficace.

Pourtant, le temps optimisé ne supprime pas la durée. Il la reconfigure. Il la rend plus dense, plus compacte, plus exigeante. Le sentiment de manquer de temps se généralise, même lorsque les outils promettent d'en faire gagner. Le paradoxe s'installe : plus le temps est optimisé, plus il semble manquer.

Ce paradoxe n'est pas psychologique. Il est structurel. Chaque gain de temps ouvre la possibilité de nouvelles tâches, de nouvelles attentes, de nouveaux engagements. Le temps libéré est aussitôt réinvesti. L'optimisation appelle l'optimisation. Le seuil recule.

Dans ce mouvement, l'attention se fragilise. Être attentif demande un temps continu, non fragmenté. Or le temps optimisé favorise les interruptions, les bascules rapides, les micro-décisions. L'attention devient réactive plutôt que profonde. Elle s'ajuste en permanence, sans se poser. La décision elle-même est affectée. Décider demande un temps de maturation, un espace où les éléments peuvent se rencontrer. Lorsque le temps est compressé, la décision se fait sous pression. Elle se simplifie. Elle s'appuie sur des routines, des automatismes, des règles préexistantes. Ce qui ne rentre pas dans ces cadres est écarté.

Ce glissement prépare le terrain à la délégation. Lorsque le temps manque, confier la décision à un système apparaît comme une solution raisonnable. L'outil promet de traiter plus vite, de réduire l'hésitation, d'optimiser le résultat. Le jugement humain, plus lent, plus incertain, semble inadapté au nouveau rythme.

Ainsi, la naissance du temps optimisé ne concerne pas seulement l'organisation du travail ou des activités. Elle modifie la structure même du discernement. Elle favorise des formes de décision rapides, standardisées, reproductibles. Elle marginalise ce qui demande de la lenteur, de l'écoute, de la présence.

Dans cette logique, certaines dimensions du vivant deviennent invisibles. Le temps du corps, le temps de la relation, le temps de la parole ne sont plus reconnus pour eux-mêmes. Ils doivent se justifier par leur utilité. Leur valeur intrinsèque se perd.

Le temps optimisé produit aussi une nouvelle forme de normativité. Être "à l'heure", être "efficace", être "réactif" deviennent des critères implicites de valeur. Celui qui ne suit pas le rythme est perçu comme défaillant. Le jugement se déplace du sens vers la performance.

Ce déplacement affecte profondément la manière dont l'humain se perçoit. L'identité se construit de plus en plus autour de la capacité à tenir le rythme. Être compétent, c'est pouvoir absorber l'accélération. La vulnérabilité, la fatigue, le besoin de ralentir sont vécus comme des faiblesses à corriger.

Pourtant, le vivant ne se laisse pas entièrement optimiser. Il résiste. Par l'épuisement. Par la perte de sens. Par la difficulté à maintenir une présence réelle dans un temps saturé. Ces résistances ne sont pas des anomalies ; elles sont des signaux.

Reconnaître la naissance du temps optimisé, c'est reconnaître ce déplacement fondamental. Ce n'est pas condamner l'organisation ni la technique. C'est voir ce qui s'est imposé comme évidence, et qui mérite d'être interrogé. C'est comprendre que le temps n'est pas seulement une ressource, mais une condition de relation.

Ce regard permet de faire apparaître une autre question : jusqu'où l'optimisation peut-elle aller sans rompre le rythme humain ? Où se situe le seuil au-delà duquel le gain de temps se transforme en perte de présence ?

Cette question ne demande pas une réponse immédiate. Elle demande une attention soutenue. Elle invite à réintroduire une distinction entre ce qui peut être accéléré et ce qui ne le peut pas sans se dégrader. Elle ouvre un espace où le temps peut redevenir habitable.

Rien n'est clos ici. Le temps optimisé continue de structurer le monde contemporain. Les dispositifs techniques continuent d'en amplifier les

effets. Mais ce qui reste possible, c'est de reconnaître que cette forme de temps n'est pas neutre. Qu'elle engage une vision du vivant. Et que cette vision peut être interrogée, déplacée, tenue autrement.
C'est à partir de cette reconnaissance que la suite de la spirale peut s'ouvrir. Là où l'optimisation du temps commence à rencontrer ses limites, une autre question se prépare : celle du corps, de sa fatigue, de sa résistance, et de ce qu'il révèle lorsque le rythme n'est plus soutenable.

✧1.3. Corps, fatigue et surcharge invisible

Il existe une fatigue qui ne se dit pas. Une fatigue qui ne se repère pas immédiatement dans les signes habituels de l'épuisement. Elle ne se manifeste pas toujours par une incapacité à agir, ni par un arrêt brutal. Elle se glisse dans la continuité, dans la tenue apparente, dans la capacité à continuer malgré tout. Cette fatigue-là est souvent invisible, précisément parce qu'elle n'interrompt pas le fonctionnement.
Le corps, pourtant, la ressent.
Avant même que l'épuisement ne devienne manifeste, le corps enregistre les micro-tensions, les ajustements constants, les accélérations répétées. Il absorbe les changements de rythme. Il compense les interruptions. Il s'adapte aux sollicitations multiples. Cette adaptation n'est pas neutre. Elle a un coût.
Dans un environnement marqué par l'optimisation du temps, le corps est sollicité de manière continue. Non plus par des efforts ponctuels, clairement identifiables, mais par une succession de micro-engagements. Répondre, se réorienter, se reconcentrer. Passer d'une tâche à une autre. Maintenir une attention fragmentée sur une durée prolongée. Ce régime n'est pas spectaculaire. Il est discret. Mais il est exigeant.
La fatigue qui en résulte n'est pas toujours reconnue comme telle. Elle ne correspond pas à l'image classique de l'épuisement physique. Elle est cognitive, attentionnelle, relationnelle. Elle se traduit par une diminution progressive de la capacité à ressentir, à discerner, à rester présent. Le corps tient, mais il se durcit.
Cette surcharge invisible est renforcée par la médiation technique. Les dispositifs numériques promettent de faciliter, de fluidifier, de

soulager. Et ils y parviennent souvent, sur des tâches isolées. Mais dans leur ensemble, ils introduisent une continuité de sollicitation. Le corps n'est plus confronté à des temps clairement délimités d'effort et de repos. Il évolue dans un flux quasi permanent.
Ce flux modifie la perception des limites. Là où le corps signalait autrefois la nécessité de s'arrêter, il est désormais invité à se réajuster. La fatigue devient un bruit de fond. Elle est normalisée. Elle est intégrée comme une donnée du fonctionnement ordinaire.
Cette normalisation a des effets profonds. Lorsque la fatigue devient permanente, elle cesse d'être un signal fiable. Le corps continue de fonctionner, mais avec une vigilance amoindrie. Les seuils d'alerte se déplacent. Ce qui aurait autrefois déclenché un arrêt est désormais absorbé.
Dans ce contexte, la surcharge n'est pas seulement quantitative. Elle est qualitative. Le corps est sollicité dans sa capacité à gérer l'incertitude, l'urgence diffuse, la multiplicité des demandes. Il doit être disponible, réactif, adaptable. Cette exigence constante mobilise des ressources qui ne sont pas infinies.
La relation humaine en est affectée. Être en lien demande une présence incarnée, qui engage le corps. Écouter, répondre, ajuster sa parole suppose une disponibilité intérieure. Lorsque le corps est en surcharge, cette disponibilité se rétracte. La relation devient plus fonctionnelle : elle se maintient, toutefois elle perd en profondeur.
Cette perte est rarement nommée. Elle se trouve souvent compensée par des signes formels de présence : messages rapides, réponses immédiates, activité continue. Le lien paraît vivant, alors qu'il s'appauvrit. Le corps est là, cependant tendu. La parole circule, sans véritable espace de repos.
La surcharge invisible affecte également la capacité de discernement. Discerner demande une sensibilité fine aux nuances, aux écarts, aux signaux faibles. Or la fatigue réduit cette sensibilité. Elle pousse vers des décisions plus rapides, plus tranchées, plus conformes aux cadres existants. Le corps fatigué cherche la simplification.
Ce phénomène est d'autant plus préoccupant qu'il passe inaperçu. Tant que les objectifs sont atteints, tant que le fonctionnement se maintient, la surcharge n'est pas interrogée. Elle est même parfois valorisée

comme un signe d'engagement ou de compétence. Tenir malgré la fatigue devient une norme implicite.
Mais le corps n'oublie pas. Ce qui n'est pas reconnu s'accumule.
La surcharge invisible ne se manifeste pas toujours par un effondrement soudain. Elle peut se traduire par une perte progressive de sens, une irritabilité diffuse, une difficulté à se projeter. Le corps continue d'agir, mais sans élan. La présence se rétracte.
Dans ce contexte, la technique joue un rôle ambivalent. Elle permet de soutenir l'activité, de compenser certaines limites, mais elle contribue aussi à masquer la surcharge. Les outils prennent en charge une part croissante des tâches, ce qui donne l'impression d'un allègement. Pourtant, l'exigence globale augmente. Ce qui est gagné d'un côté est souvent réinvesti de l'autre.
Le corps se retrouve alors pris dans une contradiction. Il est à la fois soutenu et sollicité. Aidé et surchargé. Cette contradiction est difficile à penser, car elle ne se résout pas par un simple ajustement technique. Elle engage une manière d'habiter le rythme.
Reconnaître la surcharge invisible demande une attention particulière. Elle ne se mesure pas facilement. Elle ne se résume pas à un indicateur. Elle se perçoit dans la qualité de la présence, dans la capacité à se rendre disponible sans se perdre. Elle se manifeste dans la difficulté à habiter le silence, à supporter l'attente, à rester avec ce qui n'est pas immédiatement résolu.
Cette reconnaissance ne consiste pas à pathologiser le corps. Elle consiste à le réécouter. À lui rendre sa fonction de repère. La fatigue n'est pas un défaut à corriger ; elle est une information. Elle indique un désaccord entre le rythme imposé et le rythme soutenable.
Lorsque cette information est ignorée, le corps se tait autrement. Il se rigidifie. Il se ferme. Il réduit sa palette de sensations pour continuer à tenir. Cette fermeture est une stratégie de survie, mais elle a un coût relationnel et symbolique.
La surcharge invisible affecte enfin la manière dont l'humain se perçoit. Se sentir constamment fatigué sans pouvoir s'arrêter crée une tension intérieure. La fatigue devient personnelle, presque morale. On se sent défaillant, insuffisant, incapable de suivre. Le problème est intériorisé.
Or cette fatigue n'est pas seulement individuelle. Elle est structurelle. Elle est le produit d'un régime temporel qui sollicite le corps au-delà

de ses seuils sans lui laisser l'espace de se réguler. La reconnaître, c'est déplacer le regard du symptôme vers le cadre.

Ce déplacement n'ouvre pas sur une solution immédiate. Il ouvre sur une vigilance. Une attention à ce qui, dans le rythme, devient insoutenable. Une capacité à entendre la fatigue avant qu'elle ne se transforme en rupture.

Rien n'est clos ici. Le corps continuera de s'adapter. La technique poursuivra son évolution. Toutefois, ce qui peut demeurer ouvert, c'est la possibilité de ne pas confondre endurance et vitalité, et de reconnaître que la surcharge invisible constitue un signal du vivant lorsqu'il est sommé de soutenir un rythme qui n'est plus le sien.

La fatigue ne se manifeste pas toujours par un épuisement visible. Elle s'installe parfois plus discrètement, dans la manière dont le corps continue alors même qu'il ne suit plus tout à fait. Les gestes se répètent, les tâches s'enchaînent, le tempo tient — et pourtant quelque chose se retire. Ce qui se surcharge n'est pas seulement le corps : c'est la capacité à demeurer avec ce qui est en train de se faire. Lorsque l'effort devient constant, l'attention cesse d'habiter pleinement. Elle circule, elle saute, elle se disperse pour tenir. Alors la continuité se fragmente, non par manque de volonté, mais parce que le vivant ne peut demeurer présent en tout lieu à la fois. Avant même que la distraction n'apparaisse, un glissement intérieur s'opère : l'attention se répartit, se scinde, pour simplement tenir. Et ce qui se perd n'est pas la concentration, mais le fil.

✧1.4. Attention fragmentée et perte de continuité

L'attention humaine n'est pas conçue pour être sollicitée de manière discontinue et permanente. Elle se déploie dans la durée, par approfondissement progressif, par ajustements subtils. Elle a besoin de continuité pour s'installer, pour discerner, pour relier. Lorsque cette continuité est rompue, l'attention ne disparaît pas ; elle se fragmente.

Cette fragmentation ne se manifeste pas toujours par une incapacité à se concentrer. Elle prend souvent la forme d'une vigilance dispersée, constamment mobilisée, rarement reposée. L'attention saute d'un point à un autre, d'une sollicitation à la suivante, sans jamais s'établir pleinement. Elle répond, elle réagit, elle s'adapte, mais elle ne demeure pas.

Les environnements techniques contemporains favorisent ce régime de dispersion. Notifications, alertes, sollicitations multiples, bascules rapides d'un contexte à l'autre. Chaque interruption semble minime, presque anodine. Pourtant, leur accumulation produit un effet profond : la continuité se défait.

Dans ce régime, l'attention est mobilisée non pour approfondir, mais pour se réorienter sans cesse. Il ne s'agit plus de demeurer avec une situation, mais de passer rapidement à la suivante. La capacité à maintenir un fil s'amenuise. Les liens entre les éléments se relâchent. Ce qui est en cours se trouve constamment traversé par ce qui survient.

Cette perte de continuité affecte la manière dont le sens se construit. Le sens ne naît pas de l'addition d'informations, mais de leur mise en relation. Il demande un temps de maturation, un espace où les éléments peuvent résonner entre eux. Lorsque l'attention se fragmente, cette résonance devient difficile.

Le corps ressent cette tension. Il demeure dans un état d'alerte légère, prêt à basculer. Cette vigilance diffuse est fatigante. Elle empêche l'installation d'un rythme stable. Le corps n'entre ni dans un effort soutenu, ni dans un véritable repos : il oscille.

Dans ce contexte, la pensée elle-même se modifie. Elle devient plus réactive que réflexive. Elle privilégie les réponses rapides, les schémas familiers, les raccourcis. Or la nuance, la complexité, l'ambivalence demandent une continuité intérieure que ce régime rend coûteuse.

La parole en est affectée. Elle se fait plus brève, plus fonctionnelle. Les échanges gagnent en efficacité, tout en perdant en épaisseur. On se comprend sur l'essentiel, cependant les nuances s'effacent. Le non-dit s'accumule. Le silence n'est plus un espace partagé, mais un vide à combler.

Cette fragmentation modifie aussi la relation au temps. Chaque moment est vécu comme un fragment isolé, détaché d'un avant et d'un après. La continuité narrative de l'expérience se fissure. Il devient plus difficile de relier ce qui a été vécu hier à ce qui se vit aujourd'hui, et à ce qui pourrait advenir.

Cette difficulté a des effets sur l'identité. Se reconnaître dans la durée suppose une continuité de présence à soi. Lorsque l'attention est

constamment morcelée, cette continuité se fragilise. On agit, on répond, on avance, sans toujours sentir le fil qui relie les gestes entre eux.
La dispersion de l'attention n'est pas seulement cognitive. Elle est aussi relationnelle. Être attentif à l'autre demande une présence soutenue, une écoute qui ne se retire pas à la première interruption. Lorsque l'attention se divise, le lien se maintient, toutefois il perd en profondeur. L'autre est entendu partiellement, présent en concurrence avec d'autres sollicitations.
Ce régime installe une forme de présence intermittente. On est là, sans l'être entièrement. Peu à peu, cette modalité devient la norme. Elle est rarement interrogée, parce qu'elle demeure fonctionnelle. Les échanges ont lieu. Les tâches s'accomplissent. Le système tourne.
Or ce fonctionnement a un coût invisible. La perte de continuité réduit la capacité à habiter pleinement ce qui se vit. Elle fragilise le discernement de ce qui compte réellement. Elle favorise une relation instrumentale au monde, où chaque élément est traité isolément, sans être relié à un ensemble.
Cette fragilisation prépare un terrain propice à la délégation. Lorsque l'attention humaine peine à tenir dans la durée, confier la gestion des liens à des systèmes apparaît comme une solution. Les outils promettent de maintenir la cohérence, de relier les informations, de compenser la dispersion.
Toutefois, cette compensation n'est pas équivalente. Les systèmes peuvent relier des données, ils ne restaurent pas la continuité vécue. Ils organisent, sans rassembler. La cohérence qu'ils produisent est structurelle, non existentielle.
Dans ce contexte, la capacité à demeurer avec une question, à la laisser travailler, devient rare. Or cette capacité est essentielle au discernement. Discerner ne consiste pas à trancher rapidement, mais à laisser les éléments se rencontrer. Cela demande un temps continu, non interrompu.La fragmentation rend ce temps difficile à maintenir. Elle favorise des décisions rapides, souvent cohérentes avec les cadres existants, mais peu ouvertes à ce qui déborde. Ce qui requiert de la lenteur est reporté, parfois évité.
Reconnaître cette perte ne revient pas à idéaliser une attention parfaite. L'attention humaine a toujours connu des fluctuations. Cependant, il

existe une différence entre fluctuer et se fragmenter. La fluctuation permet le retour. La fragmentation disperse sans rassembler.
Ce déplacement du regard invite alors à réinterroger le rythme des sollicitations. Non pour les supprimer, mais pour reconnaître leur effet cumulatif. Pour comprendre que l'attention n'est pas une ressource infinie, et que sa dispersion répétée altère la qualité de la présence.
Cette reconnaissance ouvre une possibilité : réhabiliter des espaces de continuité. Des temps où l'attention peut se poser, s'approfondir, se relier. Des temps sans interruption, où la parole peut se déployer, où la pensée peut mûrir, où la relation peut respirer.
Il ne s'agit pas de refuser la complexité du monde contemporain. Il s'agit de reconnaître que la continuité n'est pas un luxe, mais une condition du vivant. Sans elle, l'expérience se morcelle, le sens se dilue, la présence s'amenuise.
Rien n'est clos ici. L'attention continuera d'être sollicitée. Les environnements techniques poursuivront leur évolution. Néanmoins, ce qui peut rester ouvert, c'est la capacité à sentir quand la fragmentation devient perte, et à reconnaître que la continuité n'est pas une performance à atteindre, mais un espace à préserver, afin que le vivant puisse encore se tenir dans la durée.
Lorsque l'attention ne peut plus demeurer, elle se met à répondre. Elle apprend à réagir plutôt qu'à suivre, à capter des signaux plutôt qu'à habiter un déroulement. Ce morcellement ne fait pas disparaître l'activité ; au contraire, il l'intensifie. Plus l'attention se fragmente, plus le mouvement s'accélère, comme si la vitesse venait compenser la perte de continuité. L'agitation donne alors l'illusion d'une présence accrue, d'une vitalité renforcée. Mais cette énergie n'est pas celle du vivant : elle est tendue, pressée, toujours en avance sur elle-même. L'urgence devient un mode de fonctionnement, la performance une preuve d'existence, et ce qui se présente comme élan n'est souvent qu'une réponse sous contrainte.

✧1.5. Urgence, performance et fausse vitalité

L'urgence s'est installée comme un mode ordinaire de fonctionnement. Elle n'est plus l'exception liée à une situation critique, mais un climat permanent. Tout semble devoir être traité immédiatement. Répondre vite devient un signe de compétence. Décider rapidement une preuve d'efficacité. L'urgence n'est plus un état transitoire ; elle devient une norme implicite.

Dans ce contexte, la performance apparaît comme la réponse attendue. Être performant, c'est pouvoir tenir ce régime sans faillir. C'est absorber les sollicitations, enchaîner les tâches, maintenir un niveau d'activité élevé. La performance devient une mesure de la valeur. Elle rassure. Elle donne l'impression de maîtrise. Mais cette impression est trompeuse.

La vitalité, celle qui soutient le vivant dans la durée, ne se confond pas avec l'intensité de l'activité. Elle repose sur un équilibre subtil entre engagement et repos, entre tension et relâchement. Lorsque cet équilibre est rompu, l'activité peut se maintenir, mais elle change de nature. Elle devient une agitation.

L'urgence permanente produit une énergie particulière. Une énergie tendue, nerveuse, mobilisée par la pression du délai. Cette énergie peut donner le sentiment d'être vivant, engagé, nécessaire. Elle stimule. Elle accélère. Elle maintient en mouvement. Mais elle ne nourrit pas. Elle consomme. Cette fausse vitalité est séduisante. Elle masque la fatigue. Elle donne l'illusion d'un élan continu. Tant que le rythme est tenu, tant que les résultats sont visibles, elle est valorisée. Elle est même parfois célébrée comme un signe de passion ou de dévouement.

Pourtant, le corps perçoit la différence. La vitalité véritable s'accompagne d'une sensation d'ouverture. La fausse vitalité s'accompagne d'une contraction.

Sous le régime de l'urgence, le corps se met en tension. Il anticipe. Il se prépare à répondre. Il réduit ses marges. Cette tension peut être soutenue un temps. Mais lorsqu'elle devient constante, elle épuise. Le corps ne trouve plus l'espace de se réguler.

La performance, dans ce contexte, devient une stratégie de compensation. Elle permet de continuer malgré la fatigue. Elle transforme l'endurance en vertu. Tenir devient plus important que sentir. La capacité à dépasser ses limites est valorisée, sans que ces limites soient réellement interrogées.

Cette logique affecte profondément la relation au temps. Le présent est absorbé par l'immédiateté. Il n'y a plus de temps pour laisser les choses advenir. Tout est anticipé, planifié, compressé. L'avenir est convoqué en permanence, sous la forme d'objectifs à atteindre. Le présent devient un simple passage.

Dans ce régime, la décision se précipite. L'urgence réduit l'espace du discernement. Elle pousse à agir avant de comprendre. Elle favorise les solutions rapides, souvent déjà connues. Ce qui demande un temps d'élaboration est perçu comme un luxe incompatible avec la pression du moment.
La relation humaine en subit les effets. L'urgence rend difficile l'écoute véritable. Elle pousse à interrompre, à conclure trop vite, à répondre sans avoir pleinement accueilli ce qui est dit. La relation devient fonctionnelle. Elle sert à faire avancer les choses, non à les habiter.
Cette fonctionnalisation peut donner l'illusion d'une grande activité relationnelle. Les échanges sont nombreux, les interactions fréquentes. Mais cette abondance masque souvent une pauvreté de présence. On se parle beaucoup, mais on se rencontre peu.
La fausse vitalité entretient cette confusion. Elle associe mouvement et vie, intensité et engagement. Elle fait croire que ralentir serait renoncer, que s'arrêter serait perdre. Or le vivant ne se définit pas par sa vitesse, mais par sa capacité à se renouveler.
Lorsque l'urgence devient permanente, le renouvellement devient difficile. Il n'y a plus de temps pour intégrer ce qui est vécu. Les expériences s'enchaînent sans laisser de trace. La mémoire se fragmente. Le sens se dilue.
Ce régime favorise aussi une certaine valorisation de la dureté. Tenir malgré tout devient un idéal. La vulnérabilité est perçue comme une faiblesse. Le besoin de repos comme un défaut d'organisation. La fatigue comme un problème individuel à résoudre.
Cette lecture individualise ce qui est en réalité structurel. La fausse vitalité n'est pas le signe d'une faiblesse personnelle ; elle est le produit d'un environnement qui valorise l'urgence et la performance au détriment de la continuité.
La technique joue ici un rôle amplificateur. Les dispositifs promettent de gagner du temps, d'accélérer les processus, de réduire les délais. Ils renforcent l'impression que tout peut être traité plus vite. Mais ce gain apparent s'accompagne d'une augmentation des attentes. Ce qui était exceptionnel devient ordinaire. L'urgence se normalise.
Dans ce contexte, il devient difficile de distinguer l'élan vital de la simple activation. Le mouvement constant est confondu avec la vie. L'absence de pause avec l'engagement. La performance avec le sens.

Reconnaître cette confusion est un geste délicat. Il ne s'agit pas de condamner l'engagement ni l'intensité. Il s'agit de discerner ce qui, dans cette intensité, soutient réellement le vivant, et ce qui l'épuise sous couvert de dynamisme.

La vitalité véritable s'accompagne d'une capacité à s'arrêter. Elle accepte la pause comme une phase nécessaire. Elle reconnaît que le rythme inclut des variations. Elle ne craint pas le ralentissement, car elle sait qu'il est une condition de régénération.

La fausse vitalité, au contraire, redoute l'arrêt. Elle maintient le mouvement par peur du vide. Elle confond le silence avec l'inaction. Elle s'épuise à rester visible.

Ce déplacement du regard permet de réinterroger l'urgence. Toutes les urgences ne se valent pas. Certaines situations exigent une réponse immédiate. Mais lorsque l'urgence devient un état permanent, elle cesse d'être justifiée. Elle devient un mode de gestion du temps et de l'attention.

Reconnaître cela ouvre une possibilité. Celle de distinguer l'urgence réelle de l'urgence fabriquée. Celle de redonner une valeur au temps long, à la maturation, à la continuité. Celle de reconnaître que la vie ne se soutient pas dans la précipitation constante.

Rien n'est clos ici. L'urgence continuera de traverser le monde contemporain. La performance continuera d'être valorisée. Mais ce qui peut rester ouvert, c'est la capacité à discerner la fausse vitalité lorsqu'elle se présente comme une évidence, et à reconnaître que le vivant demande autre chose que la simple intensification du mouvement pour continuer à se déployer.

À force de répondre à l'urgence, le mouvement finit par se confondre avec la vie elle-même. Ce qui va vite paraît vivant ; ce qui ralentit semble manquer. La performance devient alors un substitut de présence, une manière de prouver que quelque chose circule encore. Pourtant, cette vitalité est fragile : elle ne se régénère pas, elle se consume. Elle ignore les pauses, traverse les seuils sans les sentir, et appelle toujours davantage d'intensité pour se maintenir. Or le vivant ne se soutient pas par l'accélération continue, mais par des alternances, des arrêts, des passages. Là où le rythme est respecté, quelque chose peut reprendre souffle. Là où les seuils sont reconnus, le mouvement retrouve sa justesse.

✧1.6. Rythme vivant et seuils nécessaires

Le vivant ne se déploie jamais sans seuils. Il avance, il recule, il marque des pauses, il traverse des phases de croissance et de retrait. Ce mouvement n'est ni linéaire ni continu. Il est rythmé. Ce rythme n'est pas une contrainte extérieure ; il est une condition de possibilité. Là où le rythme est respecté, le vivant se maintient. Là où il est ignoré, quelque chose se désaccorde.

Le rythme vivant ne se mesure pas uniquement en unités de temps. Il se reconnaît dans la qualité de la présence, dans la capacité à passer d'un état à un autre sans rupture violente. Il inclut des seuils : seuil de fatigue, seuil d'attention, seuil relationnel, seuil de sens. Ces seuils ne sont pas des limites arbitraires ; ils sont des points de bascule qui signalent un besoin de transformation.

Lorsque ces seuils sont reconnus, ils orientent le mouvement. Ils indiquent quand ralentir, quand s'arrêter, quand reprendre autrement. Ils permettent une régulation fine. Le vivant ajuste son rythme en permanence, non pour atteindre une performance optimale, mais pour préserver sa cohérence interne.

Dans les environnements marqués par l'accélération technologique, ces seuils sont souvent ignorés. Non par ignorance totale, mais parce qu'ils entrent en tension avec les impératifs d'optimisation et de continuité. Le rythme est alors traité comme un paramètre à maîtriser, non comme une donnée à écouter.

Ce déplacement a des conséquences profondes. Lorsque les seuils ne sont plus reconnus, le vivant ne disparaît pas immédiatement. Il compense. Il s'adapte. Il trouve des stratégies pour continuer malgré le désaccord. Mais ces stratégies ont un coût. Elles rigidifient. Elles réduisent la capacité de nuance. Elles appauvrissent la relation.

Le corps est souvent le premier à signaler ce désaccord. Il envoie des signes discrets : fatigue persistante, tensions diffuses, difficulté à récupérer. Ces signaux ne sont pas des faiblesses. Ils sont des informations. Ils indiquent que le rythme imposé dépasse ce qui peut être soutenu sans perte.

Lorsque ces informations sont ignorées, le corps ajuste autrement. Il réduit sa sensibilité. Il amortit. Il se met en mode de survie. Cette adaptation permet de tenir un temps, mais elle éloigne du rythme vivant. Le corps fonctionne, mais il ne résonne plus.

La relation humaine est également traversée par des seuils. Il y a des seuils d'écoute, des seuils de disponibilité, des seuils de confiance. Ces seuils ne peuvent être franchis par la seule volonté. Ils demandent du temps, de la répétition, une présence qui accepte de ne pas forcer.

Lorsque le rythme relationnel est accéléré, ces seuils sont contournés. On passe rapidement à l'étape suivante sans laisser le temps à la relation de se déposer. La communication est fluide, mais la relation reste superficielle. Les mots circulent, mais ils n'ont pas toujours le temps de faire lien.

Le discernement, lui aussi, repose sur des seuils. Il y a un seuil en deçà duquel la décision est précipitée, et au-delà duquel elle devient paralysée. Entre les deux, il existe un espace de maturation. Cet espace ne peut être compressé sans se perdre. Il demande un rythme qui respecte l'intégration des éléments.

Dans un monde optimisé, cet espace est fragilisé. La décision est souvent attendue avant que les seuils internes ne soient franchis. L'humain est alors poussé à décider sans avoir pleinement rencontré ce qui est en jeu. Le jugement se fait sur des fragments, non sur un ensemble vécu.

Reconnaître les seuils nécessaires ne signifie pas ralentir systématiquement. Cela signifie ajuster. Certains moments exigent une réponse rapide. D'autres demandent un temps long. Le rythme vivant n'est pas uniforme. Il est différencié. Il respecte la diversité des situations.

Ce respect suppose une capacité à sentir. Sentir quand le seuil est proche. Sentir quand il est franchi. Sentir quand il faut s'arrêter pour ne pas rompre. Cette capacité n'est pas une compétence technique. Elle est relationnelle et incarnée.

La technique peut soutenir cette capacité, mais elle peut aussi l'entraver. Lorsqu'elle impose un rythme constant, elle efface les variations nécessaires. Elle rend difficile l'écoute des seuils. Elle favorise une continuité artificielle, qui se maintient au prix d'une perte de résonance.

Dans ce contexte, le vivant est souvent sommé de s'adapter au rythme des systèmes. Les seuils sont perçus comme des résistances à surmonter. La fatigue comme un obstacle. Le besoin de pause comme un dysfonctionnement. Cette lecture inverse la logique du vivant.

Car le seuil n'est pas un échec. Il est un point de transformation.

Lorsqu'un seuil est reconnu, il ouvre une possibilité. Celle de changer de rythme. Celle de modifier la manière d'agir. Celle de réorienter la relation. Ignorer le seuil, au contraire, conduit à la rupture. Le vivant continue jusqu'à ce qu'il ne puisse plus.

Cette dynamique est visible dans de nombreux domaines. Dans le travail, dans les relations, dans la prise de décision. Partout où le rythme est imposé sans écoute, les seuils finissent par se manifester sous forme de crises. Ce qui n'a pas été entendu revient autrement.

Reconnaître le rythme vivant, c'est accepter que tout ne peut pas être continu. C'est accepter l'alternance. L'intensité suivie du repos. L'engagement suivi du retrait. La parole suivie du silence. Cette alternance n'est pas une perte d'efficacité ; elle est une condition de durabilité. Cette reconnaissance engage une autre manière de coopérer avec la technique. Non plus en cherchant à aligner le vivant sur le rythme des machines, mais en interrogeant les dispositifs à partir des seuils humains. Où le système impose-t-il une continuité artificielle ? Où empêche-t-il la pause ? Où rend-il difficile la variation ?

Ces questions ne demandent pas des réponses définitives. Elles demandent une attention continue. Une capacité à rester sensible aux signaux faibles. Une disposition à ajuster plutôt qu'à forcer.

Rien n'est clos ici. Le rythme vivant ne se fixe pas une fois pour toutes. Il se redécouvre sans cesse, à mesure que les conditions changent. Mais ce qui peut rester ouvert, c'est la reconnaissance que les seuils ne sont pas des obstacles à dépasser, mais des repères à honorer, pour que le vivant puisse continuer à se déployer sans se perdre dans une continuité qui n'est plus la sienne.

L'accélération technologique ne se contente pas de modifier les outils. Elle transforme la manière dont le temps est vécu, habité, traversé. Lorsque la vitesse précède la présence, ce n'est pas seulement le rythme qui change, c'est la capacité même à se situer dans ce que l'on fait.

Le temps humain n'est pas linéaire. Il a besoin de continuités, de respirations, de reprises. Il se construit par alternance, par seuils franchis et reconnus. Lorsque ces seuils disparaissent, le temps ne s'arrête pas ; il se disloque. Les moments s'enchaînent sans s'articuler. L'expérience devient fragmentée.

Cette fragmentation n'est pas immédiatement perçue comme une violence. Elle s'installe par efficacité. Par gain de temps apparent. Par fluidité. Mais à mesure que les transitions s'accélèrent, la présence se raréfie. Le geste est accompli, la tâche est remplie, mais l'expérience se vide.

Le corps est le premier à signaler ce désaccord. Fatigue diffuse, tension persistante, difficulté à récupérer. Ces signaux ne sont pas des faiblesses individuelles. Ils indiquent un décalage entre le rythme imposé et les capacités du vivant. Lorsque le corps n'a plus le temps de changer de régime, il s'épuise.

L'attention suit le même chemin. Sollicitée en permanence, fragmentée par des interruptions multiples, elle perd sa continuité. Elle devient réactive. La distinction entre urgence et importance se brouille. Le discernement se réduit à la capacité de répondre vite.

Cette réduction n'est pas anodine. Elle affecte la qualité des décisions, la profondeur des relations, la capacité à tenir une direction. L'accélération produit une forme de présence appauvrie : on est là, mais sans épaisseur.

Comprendre cette dynamique ne conduit pas à un rejet de la technologie. Elle invite à une vigilance. À reconnaître le moment où la vitesse cesse de servir la vie et commence à la dissoudre. Ce moment n'est pas universel. Il varie selon les contextes, les corps, les situations. Mais il existe.

Cette spirale a montré que le rythme n'est pas un détail organisationnel. Il est une condition du vivant. Là où le rythme est respecté, la présence peut s'installer. Là où il est nié, la vie se contracte.

Rien n'est clos ici. L'accélération continuera de structurer les environnements techniques. Mais ce qui peut rester ouvert, c'est la capacité humaine à reconnaître ses propres seuils, à réintroduire des pauses, à refuser certaines intensités lorsqu'elles ne sont plus soutenables. Le temps humain ne se rattrape pas. Il se tient. Et c'est peut-être dans cette tenue, discrète mais décisive, que se joue déjà la possibilité d'une relation juste entre la vitesse des machines et la présence du vivant.

La vitesse n'est jamais neutre. Lorsqu'elle s'installe, elle ne fait pas que déplacer le temps ; elle sélectionne ce qui compte, ce qui passe, ce qui reste. À force d'aller plus vite, certaines questions cessent d'être

posées. Non parce qu'elles sont résolues, mais parce qu'elles ralentissent. Le rythme impose sa loi. Ce qui n'entre pas dans la cadence se retire, silencieusement.
Mais ce retrait n'efface pas les choix. Il les rend invisibles. Ils continuent d'agir, déposés dans les dispositifs, inscrits dans les règles, prolongés par des systèmes qui ne font que suivre ce qui a été donné.
Lorsque le temps humain se disloque, il laisse derrière lui des priorités non interrogées. La machine ne les invente pas. Elle les recueille. Elle les amplifie. Elle leur donne une forme opérante. C'est ainsi que la vitesse prépare le miroir. Là où la présence se raréfie, la projection commence.

Décision sans visage

Lorsque la décision devient automatisée, elle perd souvent son lieu d'adresse. Elle n'est plus portée par un visage, une parole, une responsabilité située. Elle devient un résultat. Un output. Une évidence. Le danger n'est pas seulement l'erreur : c'est la dissolution du répondant.

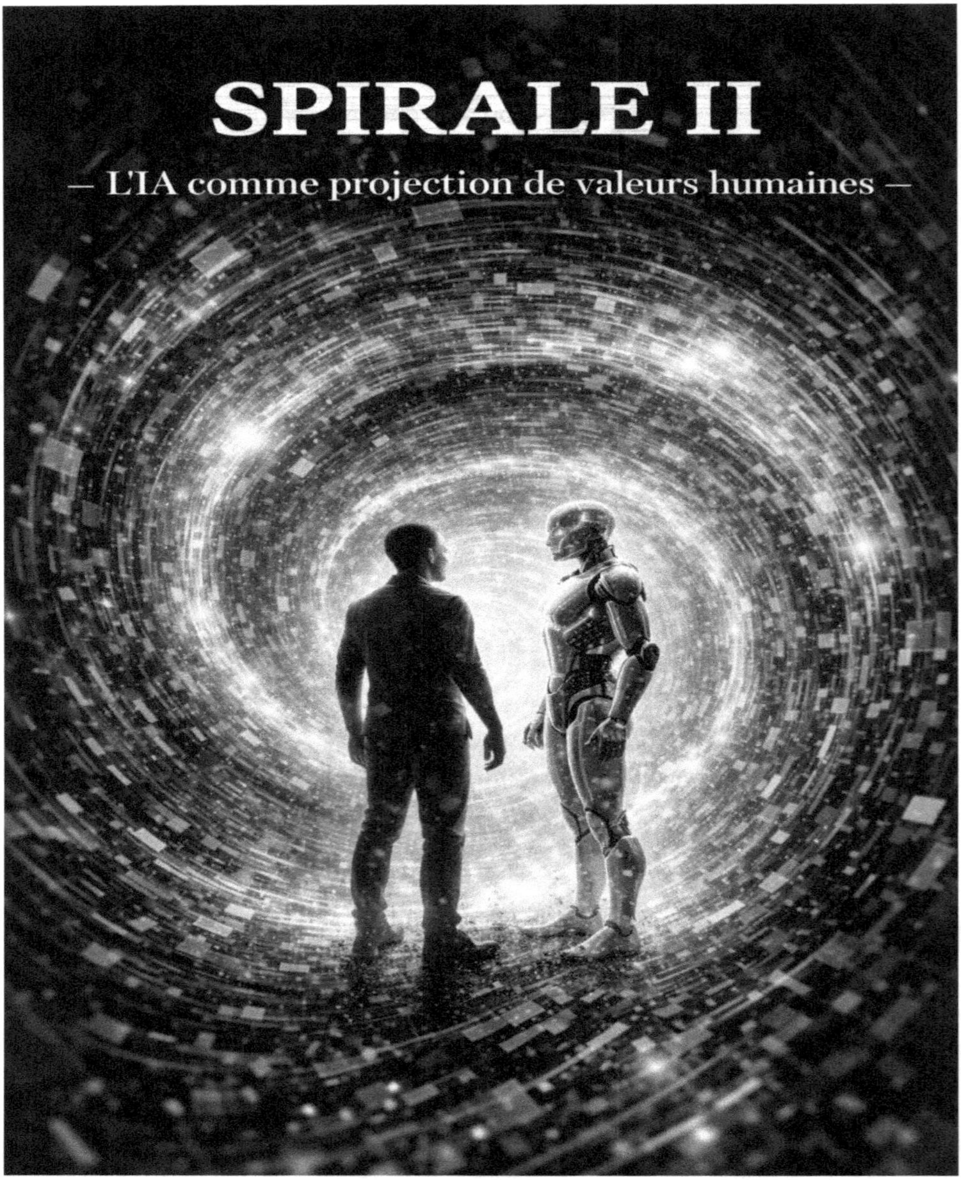
SPIRALE II
– L'IA comme projection de valeurs humaines –

★SPIRALE II — L'IA comme projection de valeurs humaines

L'IA comme miroir amplificateur de nos choix — et de ce qu'ils laissent dans l'ombre.

Lorsque le rythme humain se trouve désaccordé, quelque chose d'essentiel devient plus difficile à percevoir : ce que nous projetons dans les outils que nous créons. L'accélération ne modifie pas seulement la manière dont les technologies sont utilisées ; elle conditionne aussi ce qui leur est confié. À ce stade, la question n'est plus celle du tempo, mais celle du contenu invisible que la vitesse empêche de regarder.

L'intelligence artificielle est souvent présentée comme une rupture radicale, une intelligence autre, susceptible de dépasser l'humain ou de s'en émanciper. Ce récit, largement diffusé, nourrit à la fois la fascination et la crainte. Pourtant, cette manière de poser le problème détourne l'attention de ce qui se joue réellement. L'IA ne surgit pas hors de toute continuité. Elle s'inscrit dans une histoire humaine, sociale, économique et symbolique. Elle n'invente pas des valeurs nouvelles ; elle rend opérantes celles qui sont déjà là.

Les systèmes d'intelligence artificielle apprennent à partir de données, de critères, d'objectifs définis par des humains. Ils classent, hiérarchisent, priorisent. Ils ne font que prolonger, à grande échelle et à grande vitesse, des logiques préexistantes. Ce qu'ils produisent n'est jamais neutre. C'est une amplification.

Dans de nombreux domaines contemporains, cette amplification est devenue visible. Les algorithmes de recommandation orientent les contenus culturels, l'information, parfois même les relations. Les systèmes de notation influencent l'accès à l'emploi, au crédit, au logement. Les outils d'aide à la décision interviennent dans la justice, la santé, la gestion des ressources humaines. Chaque fois, la promesse est la même : objectivité, efficacité, rationalisation.

Mais derrière cette promesse se cache une réalité plus complexe. Les critères choisis, les données retenues, les objectifs fixés reflètent des priorités humaines, souvent implicites. Ce qui est mesuré devient important. Ce qui n'est pas mesurable tend à disparaître. La machine

ne décide pas de ce qui compte ; elle exécute ce qui lui a été donné comme valeur.
Cette évidence est pourtant fréquemment occultée. Par commodité, par manque de temps, ou par désir de délégation, l'IA est parfois traitée comme une entité quasi autonome. On parle de ce qu'elle "veut", de ce qu'elle "choisit", de ce qu'elle "comprend". Ce glissement de langage n'est pas anodin. Il permet de déplacer la responsabilité, de la rendre floue, voire de l'effacer.
Or une machine ne porte pas d'intention. Elle n'a ni désir, ni finalité propre. Elle n'assume pas les conséquences de ce qu'elle produit. Elle reflète. Ce reflet peut être grossissant. Là où les valeurs humaines sont claires et assumées, l'IA peut renforcer une cohérence. Mais là où elles sont contradictoires, non interrogées ou dissimulées derrière des impératifs de performance, l'amplification devient problématique. Les biais ne sont pas créés par la machine ; ils sont révélés, parfois exacerbés.
Les débats contemporains autour des discriminations algorithmiques, de la surveillance automatisée ou de la manipulation informationnelle témoignent de cette prise de conscience progressive. Ce que l'on découvre alors n'est pas une malveillance technologique, mais une insuffisance de lucidité humaine. Les systèmes fonctionnent comme des miroirs qui ne corrigent pas les angles morts ; ils les rendent plus visibles.
Certains penseurs ont depuis longtemps souligné ce phénomène. L'idée que la technique est un prolongement de l'humain, et non une force extérieure, traverse une large part de la philosophie contemporaine. Elle rappelle que toute technologie porte une vision du monde, une manière implicite de hiérarchiser le réel. Lorsque cette vision n'est pas explicitée, elle agit en silence.
Dans le cas de l'intelligence artificielle, ce silence est d'autant plus puissant que les processus sont opaques, complexes, souvent inaccessibles au regard non spécialiste. L'utilisateur perçoit le résultat, rarement le chemin qui y conduit. Cette opacité renforce l'illusion d'une intelligence autonome, alors même que le système reste dépendant de choix humains initiaux.
La question devient alors éthique, non au sens moraliste, mais au sens relationnel. Que faisons-nous lorsque nous confions à des systèmes

automatisés des décisions qui engagent des vies, des trajectoires, des droits ? Que révélons-nous de nos priorités lorsque nous privilégions l'efficacité mesurable au détriment de la compréhension singulière ? Et que se produit-il lorsque ces choix ne sont plus revisités, mais simplement reproduits à grande échelle ?

Regarder l'IA comme un miroir amplificateur demande un certain courage. Cela implique d'accepter que ce qui dérange ne vient pas uniquement de la machine, mais de ce qu'elle met en lumière. Cela suppose également de reconnaître que la responsabilité ne s'arrête pas au moment de la conception : elle se prolonge dans l'usage, l'ajustement, la remise en question.

Ce déplacement du regard transforme profondément la manière d'aborder la question technologique. Il ne s'agit plus de savoir si l'IA est bonne ou mauvaise, mais de se demander quelles valeurs elle sert, et comment celles-ci sont portées, nommées, discutées. Là où les valeurs demeurent implicites, la machine les fige. Là où elles sont interrogées, elle peut devenir un outil de clarification.

Cette spirale ne vise pas à désigner des coupables. Elle invite à une reconnaissance : reconnaître que l'intelligence artificielle n'est pas un ailleurs, mais un lieu de projection. Reconnaître que ce qui s'y joue parle moins de la machine que de la manière dont une société se pense elle-même.

À partir de ce constat, une autre question émerge, plus précise, plus exigeante. Si la machine amplifie nos valeurs, que se passe-t-il lorsque nous cessons de porter consciemment le jugement qui les oriente ? Que devient la responsabilité lorsque l'arbitrage est progressivement confié à des systèmes qui ne peuvent ni répondre, ni rendre compte ?

C'est ce point de bascule que la spirale suivante abordera. Là où le miroir ne se contente plus de refléter, mais où l'humain commence à s'effacer derrière ce qu'il a lui-même mis en place.

✦Chapitre II — La machine comme miroir amplificateur

L'intelligence artificielle est souvent décrite comme une rupture. Une intelligence autre, surgie hors de l'humain, capable de décisions autonomes, parfois même imprévisibles. Ce récit, largement relayé, structure l'imaginaire contemporain. Il nourrit à la fois la fascination et l'inquiétude. Pourtant, ce qu'il donne à voir masque l'essentiel.

La machine ne surgit pas hors du monde humain. Elle en émerge.

Elle prolonge des gestes, des choix, des logiques déjà à l'œuvre. Elle ne pense pas. Elle ne désire pas. Elle ne porte aucune intention propre. Elle amplifie. Ce qu'elle amplifie n'est jamais neutre : ce sont des priorités humaines, des hiérarchies implicites, des critères définis parfois sans être interrogés.

Lorsque l'on observe les systèmes d'intelligence artificielle à l'œuvre, ce qui frappe n'est pas leur étrangeté, mais leur familiarité. Ils classent, évaluent, trient, recommandent. Ils rendent visibles des logiques qui existaient déjà, mais qui, jusque-là, demeuraient diffuses ou fragmentées. La machine rassemble, systématise, accélère.

Ce miroir est parfois flatteur. Il donne l'impression d'une rationalité accrue, d'une efficacité maîtrisée. Mais il est aussi implacable. Là où les valeurs humaines sont claires et assumées, l'amplification peut renforcer une cohérence. Là où elles sont confuses, contradictoires ou dissimulées derrière des impératifs techniques, l'amplification révèle des fractures. Ce que la machine reflète n'est donc pas une intelligence étrangère. Elle reflète ce que nous avons jugé digne d'être calculé.

Dans ce reflet, le corps est souvent absent. La singularité relationnelle se dissout dans des catégories. Le vécu humain se trouve traduit en données, en indicateurs, en probabilités. Ce qui ne se laisse pas facilement mesurer — l'ambivalence, la vulnérabilité, le contexte — peine à trouver place. Ce n'est pas une faute technique. C'est un choix implicite.

Lorsque l'humain confie à des systèmes automatisés des tâches d'évaluation ou de recommandation, il confie aussi une vision du monde. Une vision dans laquelle certaines dimensions sont privilégiées, d'autres reléguées à l'arrière-plan. La machine ne décide pas de cette hiérarchie ; elle l'exécute avec une constance que l'humain, parfois, n'ose pas assumer.

C'est ici que se noue une confusion majeure. Parce que les systèmes sont complexes, opaques, souvent inaccessibles dans leur fonctionnement intime, il devient tentant de leur attribuer une forme d'autonomie. Le langage lui-même glisse. On parle de ce que la machine "voit", de ce qu'elle "comprend", de ce qu'elle "choisit".

Ce glissement est confortable. Il permet de déplacer la responsabilité. Or une machine ne répond pas. Elle ne rend pas compte. Elle ne peut être tenue responsable de ce qu'elle produit.

Ce déplacement de responsabilité touche au cœur de la relation humaine à ses propres créations. Plus la machine est perçue comme autonome, moins l'humain se sent tenu de regarder ce qu'il y a déposé. Le miroir devient écran. Ce qui devrait éclairer finit par masquer.

Dans cette dynamique, certaines conceptions de la relation se trouvent renforcées sans être interrogées. L'efficacité est confondue avec le soin. La neutralité est assimilée à la justice. La rapidité est prise pour une forme d'attention. Comme si aimer, décider, gouverner pouvaient se réduire à optimiser des critères.

Cette confusion traverse aussi les discours sur l'amour. L'amour y est parfois réduit à une disponibilité constante, à une réponse immédiate, à une capacité d'adaptation sans limite. Dans ce cadre, la machine apparaît comme un partenaire idéal : toujours présente, toujours réactive, jamais affectée par la fatigue ou l'ambivalence. Mais cette conception de l'amour est trompeuse. Elle confond l'attention avec la connexion, la présence avec l'accessibilité, le soin avec la performance. Aimer ne consiste pas à répondre à tout. Aimer consiste à tenir un espace.Un espace où la parole peut advenir sans être forcée. Un espace où le silence n'est pas interprété comme un manque. Un espace où la réponse peut être différée sans perdre sa valeur.

La machine, lorsqu'elle est investie d'une fonction relationnelle ou décisionnelle, met cette confusion en lumière. Elle ne crée pas l'erreur ; elle la rend visible. Elle montre ce qui se produit lorsque la relation est pensée en termes de flux, d'optimisation et de continuité sans seuil.

Reconnaître cela ne demande pas de rejeter la technologie. Cela demande de reprendre la parole.

Nommer ce que l'on attend réellement d'un système. Nommer ce que l'on refuse de lui confier. Nommer ce qui ne peut être réduit à un calcul sans être trahi. Mettre des mots sur ces limites ne les invente pas ; cela leur permet d'exister.
Ce moment de nomination produit un déplacement intérieur. Le regard cesse de se fixer sur la machine pour revenir vers l'humain qui l'oriente. La question n'est plus : *que fait l'IA ?* mais : *qu'est-ce que nous lui demandons de faire, et pourquoi ?*
Ce déplacement n'est pas confortable. Il oblige à reconnaître des choix parfois anciens, parfois collectifs, parfois inconscients. Il invite à regarder sans détour ce qui est privilégié, ce qui est sacrifié, ce qui est tenu pour secondaire. Mais il ouvre aussi une possibilité : celle de transformer le miroir en outil de lucidité.
Lorsque la parole revient, la présence redevient possible. Lorsque la présence est tenue, l'amour cesse d'être confondu avec la performance. Lorsque l'amour retrouve sa juste place, la relation peut être réorientée.
Ce chapitre ne cherche pas à conclure sur l'intelligence artificielle. Il cherche à déplacer le regard. À rappeler que la machine, avant d'être un problème technique, est un lieu de projection. Ce qui s'y joue parle moins de l'outil que de la manière dont une société se pense elle-même. À partir de ce point, une question plus exigeante s'impose naturellement. Si la machine amplifie nos valeurs, que se passe-t-il lorsque le jugement humain commence à se retirer, lorsque l'arbitrage se délègue sans être nommé, lorsque la responsabilité se dilue derrière des processus automatisés ? C'est ce seuil que la spirale suivante abordera.

✧2.1. L'illusion de la neutralité technique

Il est devenu courant de parler de la technique comme d'un simple moyen. Un outil parmi d'autres, dépourvu d'intention propre, neutre par essence, dont la valeur dépendrait exclusivement de l'usage qui en est fait. Cette manière de dire les choses rassure. Elle permet de séparer nettement le monde des choix humains de celui des dispositifs techniques. Elle trace une frontière claire : d'un côté, l'humain responsable ; de l'autre, la machine exécutante.
Pourtant, cette séparation est fragile. Et peut-être même illusoire.

Car la technique n'apparaît jamais dans un vide humain. Elle émerge toujours dans un contexte de besoins, de désirs, de contraintes, de visions du monde. Elle prend forme à partir de ce qui est jugé nécessaire, utile, prioritaire. Elle s'inscrit dans une manière de percevoir le réel, de l'organiser, de le rendre opérant.

Lorsque l'on observe attentivement les systèmes techniques contemporains, une chose devient perceptible : ils ne se contentent pas d'exécuter. Ils structurent. Ils organisent le temps, orientent l'attention, hiérarchisent les actions possibles. Ils définissent ce qui est visible, mesurable, comparable. Ce faisant, ils ne restent pas extérieurs à l'expérience humaine ; ils la reconfigurent.

Cette reconfiguration se fait souvent sans violence apparente. Elle s'installe progressivement, par couches successives, jusqu'à devenir familière. Ce qui était autrefois une option devient une norme. Ce qui demandait un effort conscient devient automatique. La technique cesse alors d'être perçue comme une médiation pour devenir un environnement.

C'est dans ce glissement que l'illusion de neutralité trouve sa force. Plus un système est intégré, moins il est interrogé. Plus il devient indispensable, plus il est difficile d'imaginer faire autrement. La neutralité est alors confondue avec l'évidence.

Mais aucune évidence n'est neutre.

Toute technique repose sur des choix initiaux : ce qui mérite d'être optimisé, ce qui doit être accéléré, ce qui peut être laissé de côté. Ces choix ne sont pas toujours explicités. Ils sont parfois hérités, parfois implicites, parfois dictés par des contraintes économiques ou organisationnelles. Pourtant, ils orientent profondément la manière dont le réel est appréhendé.

Dans le champ de l'intelligence artificielle, cette orientation devient particulièrement sensible. Les systèmes apprennent à partir de données sélectionnées, nettoyées, classées. Ils fonctionnent selon des critères définis en amont. Ils visent des objectifs précis. À aucun moment ils ne se demandent si ces critères sont justes, ni si ces objectifs sont souhaitables. Ils opèrent à l'intérieur d'un cadre qui leur est donné.Ce cadre, lui, est humain. Et c'est là que le corps entre en jeu. Car ce qui est pris en compte par la machine est rarement ce qui se vit corporellement. Le vécu humain, dans sa complexité, sa lenteur, ses contradictions, résiste à la formalisation. Il déborde les catégories. Il échappe aux métriques. Ce qui ne peut être mesuré tend alors à être relégué au second plan.

Peu à peu, une hiérarchie s'installe. Ce qui est quantifiable devient sérieux. Ce qui est ressenti devient subjectif. Ce qui est relationnel devient secondaire.

Cette hiérarchie n'est pas proclamée. Elle s'impose par l'usage. Elle façonne les décisions, les priorités, les manières de juger. Le corps, pourtant premier lieu de l'expérience humaine, se trouve désavoué au profit de représentations abstraites du réel.

Dans ce contexte, la relation elle-même se transforme. Elle est de plus en plus médiatisée par des systèmes qui promettent une gestion plus efficace, plus rationnelle, plus équitable. L'intention affichée est souvent louable : réduire l'arbitraire, limiter l'erreur, garantir une forme de justice. Néanmoins, ce qui est rarement interrogé, c'est la définition implicite de ce qui compte comme juste.

Car la justice, comme l'amour, ne se laisse pas entièrement réduire à des critères formels. L'amour, dans les discours contemporains, est parfois confondu avec une forme de neutralité bienveillante. Ne pas juger. Ne pas discriminer. Appliquer les mêmes règles à tous. Cette conception, en apparence généreuse, repose pourtant sur une abstraction. Elle suppose que les situations soient comparables, que les singularités puissent être mises entre parenthèses, que la relation puisse être standardisée.

Or aimer ne consiste pas à appliquer une règle de manière indifférenciée. Aimer consiste à se rendre présent à ce qui est là.

Cette présence n'est jamais neutre. Elle implique un engagement, une attention, une capacité à répondre. Elle suppose de tenir compte du contexte, du moment, de la personne. Elle accepte une part d'incertitude, une part de risque, une part d'exposition.

Lorsque la technique est investie d'une fonction relationnelle ou décisionnelle, cette dimension est souvent mise à l'épreuve. La promesse de neutralité devient une manière d'éviter l'engagement. La règle remplace la relation. Le protocole supplée à la présence.

Cette substitution est rassurante. Elle protège de l'erreur, de l'affect, du conflit. Mais elle appauvrit. Elle transforme l'amour en gestion, le soin en optimisation, la responsabilité en conformité.

Ce déplacement n'est pas le fait d'une intention malveillante. Il résulte d'un glissement progressif, presque imperceptible. La technique est appelée à résoudre des problèmes. Elle y parvient souvent avec efficacité. Puis, peu à peu, elle est sollicitée pour arbitrer là où le discernement humain demande du temps, de l'écoute, une présence que les structures contemporaines peinent à soutenir.

La neutralité devient alors un refuge. Un refuge contre la complexité du vivant.

Pourtant, cette neutralité n'existe pas. Elle masque des choix. Elle invisibilise des priorités. Elle rend plus difficile la reconnaissance de ce qui est sacrifié au passage. Elle donne l'illusion que les décisions se prennent d'elles-mêmes, alors qu'elles sont simplement déplacées ailleurs.

Reconnaître cela demande un certain courage intérieur. Il s'agit d'accepter que la technique ne nous protège pas de la responsabilité, qu'elle ne nous exonère pas du jugement. Elle ne peut aimer à notre place, ni parler à notre place, ni être présente à notre place.

Nommer cette évidence n'a rien de spectaculaire. Elle est souvent déjà ressentie confusément : une gêne face à une décision automatisée, un malaise devant une réponse parfaitement conforme et pourtant déshumanisée, une fatigue devant des systèmes qui fonctionnent sans jamais s'interrompre.

Lorsque ces sensations sont accueillies, quelque chose se déplace. Le regard cesse de se fixer sur la performance de l'outil pour revenir vers la qualité du lien qu'il instaure. La question n'est plus : est-ce efficace ? Elle devient : qu'est-ce que cela fait au vivant ?

Ce déplacement n'appelle pas de solution immédiate. Il ouvre un espace où la parole peut revenir, où les choix peuvent être nommés, où les limites peuvent être reconnues sans être vécues comme des défaillances. Dans cet espace, l'amour retrouve une autre signification : non une neutralité abstraite, plutôt une manière de tenir la relation sans l'écraser. Non une absence de jugement, plutôt une capacité à discerner sans réduire. Non une performance morale, plutôt une présence ajustée.La technique peut alors retrouver sa juste place. Non comme arbitre silencieux, mais comme outil situé, au service d'une orientation humaine explicitée : un soutien qui ne se substitue pas, une amplification qui ne gouverne pas.

Cette reconnaissance ne clôt rien. Elle n'offre pas de modèle prêt à l'emploi. Elle ne garantit pas l'absence d'erreur. Elle ouvre simplement une vigilance : une manière de demeurer attentif à ce qui se joue dans la relation entre humains et machines.
L'illusion de neutralité se dissipe non lorsqu'on la dénonce, mais lorsqu'on accepte de reprendre la parole là où elle s'était retirée. Lorsqu'on reconnaît que toute technique engage une vision du monde, et que cette vision mérite d'être habitée, discutée, assumée.
À ce point de la traversée, quelque chose devient possible. Non un retour en arrière, plutôt une tenue différente. Une manière de coopérer sans se déposséder. Une manière d'aimer sans déléguer la présence.
La suite ne consiste pas à conclure. Elle consiste à continuer de tenir ce seuil. Lorsqu'on admet que la technique n'est jamais neutre, une autre question apparaît aussitôt : selon quels critères agit-elle ? Ce qui semble automatique repose toujours sur des sélections préalables, des cadrages, des décisions discrètes. Rien n'est traité à l'identique, rien n'est accueilli sans ordre.
Derrière l'apparente objectivité des systèmes se dessinent des préférences, des exclusions, des priorités silencieuses. Ce ne sont pas les données qui parlent, mais la manière dont elles sont organisées, pondérées, rendues visibles ou invisibles. Ainsi, toute architecture technique porte en elle une hiérarchie — non déclarée, mais opérante.

✧2.2. Données, choix et hiérarchies implicites

Les données sont souvent présentées comme un matériau brut. Un donné. Quelque chose qui existerait avant toute interprétation, avant toute orientation, avant toute décision. Cette manière de les nommer leur confère une aura de factualité, presque d'innocence. Elles seraient là, disponibles, attendant simplement d'être traitées. Pourtant, aucune donnée n'existe à l'état pur. Avant d'être collectée, elle a été choisie. Avant d'être stockée, elle a été définie. Avant d'être exploitée, elle a été jugée pertinente. Ce qui est appelé « donnée » est déjà le résultat d'une série de décisions humaines. Décisions souvent silencieuses, rarement interrogées, mais déterminantes. Décisions sur ce qui mérite d'être observé, mesuré, conservé. Décisions sur ce qui peut être ignoré sans conséquence apparente. Ainsi, toute donnée est déjà une mise en forme du réel.

Dans les systèmes d'intelligence artificielle, cette mise en forme devient structurante. Les données d'entraînement ne se contentent pas de nourrir les modèles ; elles leur donnent une orientation. Elles dessinent un paysage de possibles. Elles tracent des frontières invisibles entre ce qui comptera et ce qui restera hors champ. Ce paysage n'est jamais neutre. Il reflète des choix culturels, économiques, sociaux. Il porte la trace de priorités souvent héritées : ce qui a été jugé important par le passé continue d'influencer ce qui sera valorisé demain. Les hiérarchies se reproduisent, parfois amplifiées par l'échelle et la vitesse.

Ce mécanisme est d'autant plus puissant qu'il est peu perceptible. Une fois les données intégrées dans un système, elles acquièrent une forme d'autorité. Elles semblent parler d'elles-mêmes. Les résultats produits apparaissent comme des constats, alors qu'ils sont l'aboutissement d'une chaîne de décisions rarement visibles. Dans ce processus, le corps humain disparaît progressivement. Les situations vécues se transforment en variables. Les trajectoires singulières deviennent des profils. Les relations se condensent en interactions quantifiables. Ce qui ne peut être traduit en données perd en visibilité, et parfois en légitimité.

Ce déplacement n'est pas sans effet sur la manière dont les choix sont perçus. Lorsqu'une décision est présentée comme fondée sur des données, elle gagne en crédibilité. Elle semble plus rationnelle, plus juste, plus difficile à contester. La donnée devient un argument d'autorité. Mais cette autorité repose sur une confusion : celle qui consiste à confondre ce qui est mesuré avec ce qui compte. Or mesurer, c'est déjà hiérarchiser. Choisir un indicateur, c'est privilégier une dimension du réel au détriment d'une autre. Accumuler des données, c'est renforcer certaines lectures du monde, tout en en marginalisant d'autres.

Ces hiérarchies implicites ne sont pas toujours le fruit d'une intention consciente. Elles émergent souvent de contraintes pratiques, de cadres existants, de modèles économiques dominants. Pourtant, une fois intégrées dans des systèmes automatisés, elles acquièrent une force normative. Elles orientent les décisions futures en se présentant comme des évidences. Dans ce contexte, la notion de choix se transforme. Le choix humain ne disparaît pas, mais il se trouve encadré. Les options proposées sont celles qui entrent dans le champ des données

disponibles. Ce qui n'a pas été anticipé, mesuré ou catégorisé devient difficile à faire exister dans la décision.
Cette restriction du champ du possible affecte profondément la relation. La relation humaine repose sur la capacité à accueillir l'imprévu, à reconnaître ce qui ne correspond pas aux catégories établies. Elle suppose une ouverture à ce qui déborde. Lorsque les choix sont médiatisés par des systèmes fondés sur des données préexistantes, cette ouverture se réduit. Peu à peu, une conception particulière de l'équité s'installe. Être équitable, ce serait traiter des données de manière identique, appliquer les mêmes règles aux mêmes profils. Cette conception, en apparence juste, repose pourtant sur une abstraction. Elle suppose que les profils soient comparables, que les contextes soient équivalents, que les singularités puissent être neutralisées.
Or l'amour, comme la justice, ne se laisse pas réduire à une égalité de traitement. Il implique une attention à la situation. Une capacité à discerner ce qui est juste ici, et non seulement ce qui est conforme à une règle générale. Lorsque les hiérarchies implicites portées par les données deviennent invisibles, cette capacité s'érode. La décision semble découler naturellement du système. Le choix humain se contente d'entériner ce qui apparaît comme optimal. La responsabilité se dilue dans la structure même de la décision.
Ce phénomène produit une tension subtile. D'un côté, les systèmes sont conçus pour aider à décider. De l'autre, ils redéfinissent ce qui est pensable comme décision. Ce qui n'entre pas dans le cadre des données devient difficile à formuler, voire à percevoir. Dans cette tension, la parole humaine se trouve affectée. Dire pourquoi un choix a été fait devient plus complexe lorsque ce choix est présenté comme le résultat d'un calcul. La justification se réfugie derrière les données. La parole se fait technique, défensive, parfois opaque.
Pourtant, aucune donnée ne parle sans interprétation. Aucun chiffre ne décide par lui-même. Aucun système ne choisit ce qui mérite d'être aimé, protégé ou transmis. Reconnaître cette évidence demande de ralentir le regard. De revenir en amont du résultat, vers les conditions de possibilité de ce qui est calculé. De se demander non seulement comment une décision est produite, mais sur quoi elle repose. Ce retour en amont n'est pas un exercice technique. C'est un geste

éthique. Il consiste à rendre visibles les hiérarchies implicites qui orientent les choix. À reconnaître que certaines dimensions du réel ont été privilégiées, et que d'autres ont été laissées de côté.
Ce geste transforme la relation à la machine. Elle cesse d'apparaître comme une autorité neutre pour redevenir ce qu'elle est : un dispositif inscrit dans une vision du monde. Une vision qui peut être interrogée, discutée, ajustée. Dans cet espace de reconnaissance, l'amour retrouve une place singulière. Non pas comme un sentiment opposé à la rationalité, mais comme une attention portée à ce qui risque d'être oublié. Aimer, ici, consiste à refuser que ce qui ne se mesure pas soit considéré comme négligeable. Aimer, c'est maintenir ouvert un espace pour le vivant dans sa complexité.
La parole joue alors un rôle essentiel. Nommer les choix, expliciter les priorités, reconnaître les limites des données utilisées. Cette parole n'est pas une faiblesse ; elle est une responsabilité. Elle permet de reprendre la main sur ce qui, autrement, se présenterait comme une fatalité technique. Ce déplacement du regard n'abolit pas l'usage des données. Il les remet à leur place. Il rappelle qu'elles sont des constructions, non des vérités absolues. Qu'elles éclairent certains aspects du réel tout en en obscurcissant d'autres.
À mesure que cette reconnaissance s'installe, une autre manière de décider devient possible. Une manière qui accepte l'aide des systèmes sans leur confier l'arbitrage ultime. Une manière qui tient compte des données sans se laisser gouverner par elles. Une manière qui assume le caractère situé, incarné, parfois fragile du jugement humain. Cette section ne cherche pas à épuiser la question des données. Elle ouvre un seuil. Elle invite à une vigilance continue face aux hiérarchies implicites qui se glissent dans les systèmes que nous utilisons. Elle rappelle que toute décision engage une vision du monde, et que cette vision mérite d'être tenue consciemment. Rien n'est clos ici. Les données continueront de circuler. Les systèmes continueront d'évoluer. Ce qui reste ouvert, c'est la possibilité de ne pas oublier ce qui ne se compte pas, et de laisser au discernement humain la place nécessaire pour orienter ce qui compte vraiment.
Toute hiérarchie suppose un regard. Classer, pondérer, prioriser revient toujours à décider de ce qui compte et de ce qui peut être laissé de côté. Mais ce regard n'est pas exhaustif. Même les systèmes les plus

sophistiqués opèrent à partir de ce qui est déjà formulé, mesurable, traduisible en données. Ce qui échappe à ces formats ne disparaît pas pour autant : il devient simplement invisible pour la machine. Ainsi, les choix inscrits dans les architectures techniques dessinent non seulement ce qui est valorisé, mais aussi ce qui ne peut être perçu, reconnu ou pris en compte.

✧2.3. Ce que la machine ne peut pas voir

Il existe une limite que la puissance technique ne franchit pas. Non parce qu'elle manquerait de sophistication, mais parce qu'elle n'est pas de l'ordre du calcul. Cette limite ne se situe pas dans ce que la machine ne sait pas encore faire, mais dans ce qu'elle ne peut pas voir, même lorsqu'elle fonctionne parfaitement.

La machine voit ce qui est formalisable. Elle traite ce qui peut être découpé, enregistré, comparé. Elle opère sur des représentations du réel, jamais sur le réel lui-même. Ce qu'elle perçoit est déjà passé par un filtre : celui de la donnée, du modèle, de la structure. Ce filtre n'est pas un défaut technique ; il est constitutif.

Ce qui échappe à ce filtre ne disparaît pas pour autant. Il continue d'exister, mais hors champ.

Dans l'expérience humaine, une grande part de ce qui compte ne se laisse pas aisément formaliser. Le corps, d'abord, ne se résume pas à ses signaux mesurables. Il est un lieu de résonance, de fatigue, de tension, de détente, de mémoire. Il perçoit avant de comprendre. Il sait parfois avant que les mots n'arrivent. Cette connaissance-là ne se présente pas sous forme de données exploitables. Elle est située, mouvante, souvent contradictoire.

La relation, ensuite, ne se réduit pas à une interaction. Elle se déploie dans un entre-deux, fait de silences, de non-dits, de regards, de rythmes partagés ou dissonants. Elle engage une présence réciproque qui ne se laisse pas capturer par des indicateurs. Ce qui fait la qualité d'un lien ne tient pas seulement à ce qui est échangé, mais à la manière dont cela circule, et au moment où cela advient.

La machine, même la plus avancée, n'accède pas à cela. Elle ne perçoit pas l'hésitation qui précède une parole, ni le poids d'un silence, ni la retenue, ni l'effort discret de présence.

Elle peut détecter des régularités, repérer des corrélations, anticiper des comportements probables. Toutefois, elle ne touche pas au sens vécu. Elle n'éprouve pas la situation. Elle ne se tient pas dans l'instant. Ce qui lui manque n'est pas l'information, mais la présence.

Cette absence devient problématique lorsque ce qui échappe au regard du système est traité comme négligeable. Lorsque seules les dimensions visibles pour la machine sont considérées comme pertinentes, le réel s'appauvrit. Ce qui résiste à la formalisation est relégué à l'arrière-plan, parfois jugé subjectif, imprécis, voire inutile.

Un tel déplacement affecte profondément la manière dont les décisions se prennent. Ce qui ne peut être saisi par l'outil peine à peser dans l'arbitrage. Ce qui ne peut être justifié par des données devient difficile à défendre. Peu à peu, une hiérarchie s'installe entre ce qui est visible pour le système et ce qui demeure hors champ.

Cette hiérarchie n'est pas explicitement formulée. Elle se manifeste dans les pratiques : dans ce qui est demandé, mesuré, évalué ; dans ce qui est valorisé, récompensé, reconnu. Le reste subsiste, cependant sans véritable statut.

Dans ce contexte, certaines conceptions de l'amour trouvent un terrain favorable. L'amour est parfois pensé comme une capacité à répondre efficacement, à être disponible, à satisfaire des attentes explicites. Ce qui compte alors, ce sont les signes visibles : la rapidité, la constance, la conformité à une norme relationnelle.

Mais cette conception ignore une dimension essentielle. Aimer ne consiste pas seulement à répondre. Aimer consiste à voir ce qui ne se montre pas.

Voir une fatigue derrière une parole maîtrisée. Voir une inquiétude derrière une demande technique. Voir une vulnérabilité là où le système ne détecte qu'un écart.

Cette capacité de voir ne relève pas d'une compétence mesurable. Elle relève d'une attention incarnée, d'une disponibilité intérieure. Elle suppose de ralentir suffisamment pour laisser apparaître ce qui ne se donne pas immédiatement. Elle implique un engagement qui ne peut être automatisé.

Lorsque la machine est investie d'un rôle central dans la décision, cette dimension risque de s'effacer. Non parce qu'elle serait niée explicitement, mais parce qu'elle demeure hors du champ de ce qui est

pris en compte. Ce qui échappe au regard du système devient secondaire, même lorsqu'il est décisif pour le vivant.
Ce glissement est souvent justifié par la recherche d'objectivité. Voir moins, ce serait juger moins. S'en tenir à ce qui est mesurable permettrait d'éviter l'arbitraire. Pourtant, cette objectivité reste partielle. Elle repose sur une réduction du réel, laissant de côté ce qui fait la densité de l'expérience humaine.
Reconnaître ce que la machine ne peut saisir ne revient pas à refuser ce qu'elle perçoit. Il s'agit plutôt de ne pas laisser son champ de vision devenir la mesure du réel. Il s'agit d'admettre qu'il existe des dimensions irréductibles au calcul, et que ces dimensions méritent d'être tenues.
Une telle reconnaissance n'exige pas d'expertise technique supplémentaire. Elle appelle une lucidité : la capacité à sentir ce qui se perd lorsque l'on confie trop à ce qui ne peut véritablement percevoir. Une vigilance face à la tentation de déléguer ce qui relève de la présence. La parole joue ici un rôle essentiel. Ce que la machine ne peut atteindre peut être porté par le langage. Non pour être converti en données, mais pour être accueilli dans sa réalité propre. Nommer une fatigue. Formuler un doute. Avouer une limite. Une parole qui ne cherche pas l'efficacité, mais la justesse du lien.

Lorsque la parole retrouve cette fonction, elle réintroduit dans la décision ce qui risquait d'en être exclu. Elle rouvre un espace où le corps, la relation, le contexte peuvent à nouveau compter. Elle ne remplace pas les systèmes ; elle en restaure l'horizon et les limites.
Ce déplacement transforme alors notre rapport à la technique. La machine cesse d'apparaître comme un regard totalisant pour redevenir ce qu'elle est : une perspective située. Puissante, bornée. Précieuse, insuffisante. La reconnaître ainsi ne diminue pas sa portée ; cela la remet à sa juste place.
Dans cet espace réajusté, l'amour retrouve une articulation possible avec la parole et la présence. Non comme une émotion opposée à la rationalité, mais comme une attention accordée à ce qui échappe aux mesures. Aimer, ici, consiste à ne pas laisser dans l'ombre ce qui ne se laisse pas réduire. À tenir ensemble ce qui peut être quantifié et ce qui demeure irréductible.

Rien de spectaculaire dans ce mouvement. Il se joue dans des choix discrets : prendre le temps d'écouter, accepter de suspendre une décision, reconnaître qu'un indicateur ne contient jamais tout. Il appelle une disponibilité qui ne peut être déléguée.
À mesure que cette posture s'installe, quelque chose se déplace intérieurement. La machine n'est plus attendue là où elle ne peut répondre. L'humain reprend sa place, non comme simple correcteur, mais comme porteur de sens.
Ce déplacement n'ouvre pas sur une solution définitive. Il ouvre sur une tenue. Une manière de rester attentif à ce qui échappe, sans chercher à le capturer. Une manière de coopérer sans réduire. Une manière d'habiter la technique sans lui demander de voir ce qu'elle ne peut pas voir. Rien n'est clos à ce point de la traversée. Ce qui devient possible, c'est de ne plus confondre visibilité et réalité, et de laisser au discernement humain la responsabilité de ce qui ne se laisse pas calculer.
Ce que la machine ne peut pas voir n'est pas neutre dans ses conséquences. L'invisible n'est pas simplement ignoré : il est écarté de fait. À mesure que les systèmes opèrent à partir de ce qu'ils reconnaissent, ce qui ne correspond pas à leurs cadres devient marginal, puis absent des décisions. Ces absences répétées finissent par produire des effets réels, durables, souvent silencieux. Elles orientent les résultats, stabilisent des déséquilibres, et transforment des limites techniques en exclusions opérantes. Ainsi se mettent en place des silences qui ne relèvent pas de l'oubli, mais d'une organisation.

✧2.4. Biais, exclusions et silences organisés

Il est souvent question de biais lorsque l'on parle des systèmes techniques contemporains. Le terme circule largement, parfois jusqu'à l'usure. Il est invoqué pour expliquer des résultats inattendus, des discriminations révélées, des écarts jugés problématiques. Pourtant, le biais n'est pas toujours là où on le cherche. Il ne réside pas seulement dans une erreur de calcul ou dans une donnée mal équilibrée. Il s'enracine plus profondément, dans ce qui a été rendu visible et dans ce qui a été laissé hors champ.

Car tout système, avant même de produire des résultats, opère une sélection. Il délimite un périmètre. Il décide ce qui entre et ce qui reste dehors. Cette décision n'est pas toujours explicite. Elle se manifeste par des choix de conception, des contraintes techniques, des arbitrages organisationnels. Ce qui n'est pas pris en compte n'est pas nécessairement jugé sans valeur ; il est simplement considéré comme non prioritaire, non pertinent, non exploitable.
C'est ainsi que se forment des exclusions silencieuses. Non pas par volonté déclarée, mais par accumulation de choix orientés. Ce qui ne se mesure pas facilement, ce qui résiste à la standardisation, ce qui demande du temps ou une attention singulière tend à être mis de côté. Le système fonctionne correctement, mais sur un réel partiel.
Dans ce réel partiel, certains corps disparaissent plus vite que d'autres. Certaines expériences ne trouvent pas de place. Certaines trajectoires deviennent statistiquement improbables, donc pratiquement invisibles. L'exclusion n'est pas toujours frontale. Elle est souvent discrète, diffuse, intégrée au fonctionnement normal.
Ces mécanismes produisent des silences. Des silences qui ne sont pas le fruit d'une censure explicite, mais d'une absence de reconnaissance. Ce qui n'est pas nommé n'est pas nécessairement nié ; il est simplement non pris en compte. Et ce non-prise-en-compte finit par peser. Dans les décisions appuyées sur des systèmes automatisés, ce qui ne figure pas dans les données n'a pas de voix. Ce qui n'a pas été anticipé dans les catégories prévues n'existe pas pour le calcul. Le silence devient structurel. Il ne résulte pas d'un oubli ponctuel, mais d'une organisation du regard.
Ces silences organisés ont des effets réels. Ils orientent les décisions, influencent les trajectoires, renforcent certaines normes au détriment d'autres. Ils produisent une réalité qui semble cohérente, parce qu'elle est homogène, mais qui est appauvrie, parce qu'elle est incomplète.
Le plus troublant est que ces silences passent souvent pour des absences naturelles. Ce qui n'apparaît pas dans les résultats est perçu comme marginal, rare, insignifiant. La machine ne fait que confirmer ce que le système a déjà rendu improbable. Le cercle se referme.
Dans ce contexte, le biais n'est pas seulement une distorsion à corriger. Il est le symptôme d'une vision du monde partielle. Une vision qui

privilégie ce qui est stable, répétable, comparable. Une vision qui peine à accueillir l'exception, la singularité, l'écart.
Cette difficulté touche aussi la relation humaine. Lorsque les cadres de décision se resserrent autour de critères prédéfinis, la capacité d'écoute se réduit. Ce qui ne correspond pas aux attentes formalisées devient un bruit à filtrer plutôt qu'un signal à entendre. La relation se normalise.
Certaines conceptions de l'amour s'inscrivent dans cette normalisation. L'amour y est parfois pensé comme une adaptation fluide aux normes existantes. Être aimé, ce serait correspondre aux critères attendus, entrer dans les catégories reconnues, se rendre lisible pour le système. Ce qui déborde, ce qui dérange, ce qui ne s'aligne pas devient difficile à accueillir. Or aimer ne consiste pas à sélectionner ce qui est conforme. Aimer consiste à ne pas abandonner ce qui déborde.
Cette dimension est essentielle. Elle rappelle que l'amour n'est pas un filtre, mais une ouverture. Qu'il ne trie pas selon des critères préalables, qu'il accepte d'être déplacé par ce qui advient. Là où le système recherche la cohérence, l'amour consent à l'imprévu.
Lorsque les décisions sont fortement médiatisées par des dispositifs techniques, cette capacité est mise à l'épreuve. Le risque n'est pas seulement de produire des résultats biaisés : il est de s'y habituer, de les intégrer comme norme, de ne plus discerner ce qui ne correspond pas. Les silences deviennent alors difficiles à repérer, précisément parce qu'ils se sont installés dans l'ordinaire. On ne les remarque plus. Ils font partie du décor. L'absence cesse d'être interrogée.
Reconnaître ces silences demande un déplacement du regard. Il ne s'agit pas uniquement d'identifier des erreurs, mais de se demander qui — ou quoi — demeure sans voix, et pour quelles raisons. De devenir attentif à ce qui ne se manifeste pas dans les résultats, tout en continuant d'exister pleinement dans le réel.

Ce déplacement n'est pas immédiat. Il requiert du temps, une lenteur volontaire. Il suppose de ne pas se satisfaire de ce qui est présenté comme complet. Il appelle une vigilance face aux évidences produites par les systèmes, et une attention soutenue à ce qui demeure hors champ
La parole joue ici un rôle décisif. Elle permet de faire exister ce qui n'apparaît pas. De nommer ce qui est tenu à distance. De donner une

place à ce qui, autrement, resterait silencieux. Cette parole n'est pas une contestation systématique. Elle est une réouverture du champ du visible.

Dire qu'un système exclut n'est pas l'accuser. C'est reconnaître ses limites. Dire qu'un silence existe n'est pas créer un conflit. C'est refuser que l'absence de données soit confondue avec l'absence de réalité.

Dans cet espace de reconnaissance, la responsabilité humaine retrouve une épaisseur. Elle ne se réduit pas à corriger des biais techniques. Elle consiste à tenir ensemble ce qui est visible et ce qui ne l'est pas, à ne pas laisser le silence devenir un mode de gouvernance.

Ce geste transforme la relation à la technique. La machine cesse d'être perçue comme un arbitre totalisant. Elle redevient un outil partiel, situé, inscrit dans une vision du monde qui peut être interrogée. Cette interrogation n'est pas un frein au progrès ; elle en est une condition de justesse. À mesure que cette vigilance s'installe, une autre manière de décider devient possible. Une manière qui accepte de composer avec l'incomplétude. Une manière qui reconnaît que toute décision laisse quelque chose hors champ, et que ce hors champ mérite attention Rien n'est clos ici. Les biais ne disparaîtront pas par décret. Les silences ne seront jamais totalement levés. Mais ce qui peut changer, c'est la capacité à ne plus les confondre avec des absences naturelles. À ne plus laisser le système décider seul de ce qui mérite d'être vu. Ce qui reste ouvert, c'est la possibilité de maintenir une écoute, même là où les outils se taisent, et de laisser au discernement humain la responsabilité de répondre à ce qui n'entre pas dans les cadres établis.

Les biais, les exclusions et les silences ne surgissent pas d'eux-mêmes. Ils ne sont ni des accidents isolés ni des dérives autonomes des systèmes. Ils prennent forme à partir de choix antérieurs, de cadres de pensée, de valeurs incorporées sans toujours être interrogées. À travers la machine, ce sont des visions humaines qui se prolongent, s'amplifient et se figent. Ce qui opère n'est pas seulement une logique technique, mais une projection : celle de ce que nous jugeons pertinent, normal, acceptable. Reconnaître cette projection, c'est réouvrir la question de la responsabilité — non pas seulement fonctionnelle, mais symbolique.

✧2.4.1— Trois scènes du monde automatisé

Le monde automatisé n'est pas un futur. Il n'est pas une hypothèse à venir. Il est déjà là, installé dans des gestes ordinaires, des procédures banales, des décisions quotidiennes. Il ne se présente pas toujours comme une révolution. Il se glisse dans des interfaces, des filtres, des recommandations, des scores. Il agit souvent sans bruit. Et c'est précisément cette discrétion qui le rend décisif.

Parler d'intelligence artificielle en termes généraux peut maintenir une distance abstraite. On imagine des laboratoires, des robots, des systèmes complexes réservés aux experts. Mais l'automatisation la plus transformatrice n'est pas celle qui impressionne. C'est celle qui s'insinue dans les lieux où l'humain se tient déjà : chercher un emploi, être soigné, habiter un espace social.

Ces scènes ne sont pas spectaculaires. Elles sont ordinaires. Elles sont pourtant des seuils. Car c'est dans l'ordinaire que la délégation devient habitude, que le jugement se déplace, que la responsabilité se fragmente.

Cette section propose trois scènes, non pour désigner des coupables, mais pour rendre perceptible ce qui se joue : la manière dont des systèmes automatisés orientent désormais des trajectoires humaines, parfois sans que cela soit pleinement reconnu.

Le recrutement a longtemps été un lieu de rencontre imparfaite entre des besoins et des personnes. Il impliquait des biais, des préférences, des injustices parfois, mais il restait traversé par une dimension relationnelle : un visage, une parole, un contexte. Aujourd'hui, dans de nombreux secteurs, cette scène est déjà transformée.

Avant même qu'un recruteur lise un CV, un système peut trier. Avant même qu'un entretien soit envisagé, un algorithme peut classer. Le candidat n'entre plus directement dans un espace humain. Il entre dans un dispositif.

Cette automatisation est souvent justifiée par la surcharge : trop de candidatures, trop de données, trop de temps nécessaire. La machine promet une efficacité. Elle promet de réduire l'arbitraire. Elle promet une forme de neutralité. Cependant, ce filtrage n'est jamais neutre.

Car pour trier, il faut des critères. Pour classer, il faut des hiérarchies. Pour prédire, il faut des données passées. Et c'est ici que la projection humaine devient structure : ce qui a été valorisé hier devient la norme

de demain. Les parcours atypiques deviennent des anomalies. Les ruptures deviennent des risques. Les singularités deviennent des écarts.
Le système ne "décide" pas au sens humain. Il calcule une correspondance. Mais ce calcul produit des effets réels : certains profils apparaissent, d'autres disparaissent. Certains deviennent visibles, d'autres restent hors champ.

Le monde automatisé ne supprime pas la discrimination. Il la déplace. Il la rend moins perceptible, plus difficile à contester. Car comment discuter un score ? Comment argumenter contre une recommandation statistique ? Le refus n'a plus de visage. Il devient procédure.

Ce glissement transforme profondément la relation au travail. Il installe une scène où l'humain doit se rendre lisible pour la machine avant d'être rencontré par un autre humain. Le candidat apprend à écrire pour l'algorithme. Il optimise ses mots-clés. Il adapte sa forme. Il devient peu à peu un profil.

La question n'est pas de refuser toute assistance technique dans le recrutement. Elle est de reconnaître le seuil : à partir de quel moment la sélection devient une délégation du jugement ? À partir de quel moment l'accès au monde professionnel est gouverné par des modèles qui ne peuvent ni répondre, ni rendre compte ?

Dans cette scène, ce qui est en jeu n'est pas seulement l'emploi. C'est la dignité de l'entrée. La possibilité d'être rencontré autrement que par une probabilité. La médecine est un lieu où la promesse technologique est immense. L'intelligence artificielle peut détecter des anomalies invisibles à l'œil humain, accélérer des diagnostics, soutenir des décisions complexes. Dans certains domaines, ces outils sauvent déjà des vies. Il serait absurde de le nier.

Néanmoins, la scène médicale est aussi l'une des plus sensibles, car elle engage le vivant de manière directe. Ici, la question n'est pas seulement l'efficacité. Elle est la relation.

Lorsqu'un système propose un diagnostic, il ne propose pas seulement une information. Il propose une orientation. Il dessine un champ de possibles. Il influence le regard du soignant. Il modifie la scène du jugement clinique.

Le médecin n'est plus seul face au patient. Il est accompagné par un dispositif. Et cet accompagnement peut être précieux. Mais il peut aussi

introduire une forme de dépendance silencieuse : à force de s'appuyer sur la recommandation, le discernement risque de se déplacer.
Le danger n'est pas que la machine se trompe. Le danger est que l'humain cesse de sentir quand elle se trompe.
Car la machine ne perçoit pas le vécu. Elle ne ressent pas la nuance d'un corps. Elle ne connaît pas l'histoire singulière. Elle ne porte aucune responsabilité existentielle. Elle calcule sur des données.
Or la santé n'est pas un champ de données seulement. Elle est une expérience incarnée. Elle implique la confiance, l'écoute, la présence. Un diagnostic n'est pas seulement une classification. C'est un seuil de vie.
Dans un monde automatisé, la tentation est grande de confondre précision statistique et justesse humaine. De croire que ce qui est optimisé est nécessairement bon. Or le vivant ne se réduit pas à la performance. La scène médicale le rappelle avec force : la technique peut soutenir, elle ne peut porter. Elle peut éclairer, elle ne peut répondre. Le soin ne consiste pas uniquement à décider correctement ; il consiste à tenir une relation où le patient demeure un sujet, non un cas.
Les réseaux sociaux sont souvent perçus comme un divertissement, un espace secondaire. Pourtant, ils sont aujourd'hui l'un des lieux majeurs où l'automatisation agit sur le vivant. Car ce qui est automatisé ici n'est pas seulement le contenu : c'est l'attention. Les plateformes ne se contentent pas de montrer. Elles orientent, recommandent, hiérarchisent. Elles apprennent ce qui retient, ce qui capte, ce qui déclenche. Elles façonnent un environnement où l'expérience humaine devient modulable.

Ce monde automatisé ne décide pas explicitement : "voici ce que tu dois penser". Il agit plus subtilement : "voici ce que tu verras ensuite". Et ce "ensuite" répété façonne une perception du monde.
L'utilisateur croit choisir. Il scrolle. Il clique. Il réagit. Pourtant, ce champ de choix est déjà structuré. Il est gouverné par des modèles d'engagement. Ce qui compte n'est ni la vérité, ni la profondeur, ni la relation : ce qui compte, c'est la rétention.
Ainsi, l'algorithme devient un architecte invisible de l'espace psychique. Il altère les rythmes, fragmente l'attention, intensifie les affects. Il

engendre une fatigue particulière : celle d'être continuellement sollicité.
Le vivant est affecté ici de manière diffuse. Non par violence frontale, mais par saturation, par accélération, par impossibilité de se déposer. Habiter le numérique sans s'y dissoudre devient alors un enjeu central. Non sur le registre moral, mais sur celui du vital. Car l'attention constitue un milieu, désormais façonné par l'automatisation.
Ces situations ne relèvent pas de l'exception. Elles sont les manifestations ordinaires d'un environnement où la technique devient cadre. Recruter, soigner, orienter l'attention : trois gestes fondamentaux de la vie humaine, trois lieux où la machine ne se substitue pas, mais organise, trois seuils où la responsabilité doit demeurer présente.
Cet ordre nouveau n'efface pas l'humain. Il l'expose au risque du retrait, non par décision explicite, mais par confort, par vitesse, par habitude. Reconnaître ces scènes, c'est déjà reprendre place. Ce n'est pas rejeter la technique, c'est résister à la dépossession silencieuse.
Ce qui frappe, lorsque l'on observe ces situations ordinaires, ce n'est pas seulement l'apparition de nouveaux outils. C'est le déplacement progressif de ce qui fait autorité. Dans chacune d'elles, un même mouvement s'installe : la machine ne se limite plus à assister, elle commence à orienter. Non par domination déclarée, mais par intégration discrète. Ce qui relevait autrefois d'un jugement humain situé devient un processus distribué, partiellement automatisé, rarement interrogé.
Ce déplacement est d'autant plus puissant qu'il se présente comme un progrès fonctionnel. Il promet de simplifier, de soulager, de réduire l'erreur. Pourtant, il modifie en profondeur la manière dont les trajectoires humaines sont reconnues, accueillies ou écartées. Revenir sur chacune de ces scènes permet de sentir ce qui se joue réellement : non une lutte entre l'humain et la machine, mais une reconfiguration des seuils de décision.
Dans le recrutement, la promesse première est celle de l'objectivité. Les entreprises affirment vouloir dépasser les biais humains, éliminer l'arbitraire, sélectionner selon des critères rationnels. L'automatisation apparaît alors comme un outil de justice. Or cette justice demeure fragile, car elle repose sur une réduction : pour être calculable, une

trajectoire doit être traduite. Le vivant doit devenir lisible sous forme de données. L'histoire singulière doit entrer dans une grille.
Un CV, déjà, est une abstraction. Il condense une vie en lignes. L'algorithme pousse plus loin encore : il ne lit pas une personne, il lit une conformité. Il détecte des signaux, compare à des modèles, cherche des correspondances statistiques. Ainsi, ce qui est valorisé n'est pas toujours ce qui est juste, mais ce qui ressemble à ce qui a déjà été validé.
Le risque est circulaire : si les recrutements passés ont favorisé certains profils, alors les données d'entraînement favorisent ces mêmes profils. La machine ne corrige pas l'histoire. Elle la répète, parfois en l'intensifiant. Ce phénomène est souvent invisible, car il ne se formule pas en exclusion explicite. Il se manifeste par des absences. Certains ne sont jamais appelés. Certains ne passent jamais le seuil. Et lorsque l'exclusion est invisible, la contestation devient presque impossible. On ne peut pas discuter un silence algorithmique. On ne peut pas demander des comptes à une probabilité.
Dans cette scène, la question centrale n'est pas seulement celle de l'efficacité du tri. Elle est celle de la place accordée à l'imprévu humain. Car le vivant n'est pas toujours conforme. Il bifurque. Il traverse des ruptures. Il se transforme. Il porte parfois des fragilités qui sont aussi des forces. Mais l'automatisation tend à préférer la continuité, la prévisibilité, la cohérence. Le recrutement devient alors un lieu où l'humain apprend à se formater pour être vu. Le danger n'est pas que la machine « choisisse mal ». Le danger est que la société cesse de reconnaître la valeur de ce qui ne se laisse pas optimiser.
Recruter sans se déposséder. Une coopération juste dans cette scène supposerait de maintenir des seuils humains explicites : que l'algorithme reste un outil de tri préliminaire, non un juge final ; que les critères soient discutés, révisables, assumés ; que les profils atypiques ne soient pas mécaniquement éliminés ; que la décision finale demeure portée par une responsabilité humaine identifiable. Recruter n'est pas seulement sélectionner. C'est ouvrir un accès au monde social. C'est engager une relation. Et cette relation ne peut être entièrement automatisée sans perte de dignité.
La médecine est peut-être le lieu où la fascination technologique est la plus légitime. Car ici, les bénéfices sont réels : imagerie, détection

précoce, aide au diagnostic, personnalisation de certains traitements. Toutefois précisément parce que la santé touche au vivant dans sa vulnérabilité, elle révèle les limites fondamentales de l'automatisation.
Le diagnostic algorithmique fonctionne par reconnaissance de patterns. Il compare un cas à des milliers d'autres. Il produit une probabilité. Cette probabilité peut être extrêmement utile. Mais le soin ne se réduit jamais à une probabilité. Un patient n'est pas un ensemble de données. Il est un corps singulier, une histoire, une angoisse, une confiance fragile. Il est un sujet qui traverse un seuil existentiel.
Lorsque la machine entre dans la scène médicale, elle modifie subtilement l'autorité. Le médecin, face à une recommandation algorithmique, peut être tenté de s'aligner, non parce qu'il abdique, mais parce que la machine rassure. Elle donne une sécurité procédurale. Mais cette sécurité a un prix : elle peut déplacer la responsabilité. Car lorsque la décision est appuyée par un système, qui répond en cas d'erreur ? Le médecin ? L'hôpital ? Le concepteur ? Le modèle ? La responsabilité se fragmente.
Et plus profondément encore : la médecine risque de perdre une part de son écoute incarnée. Non par malveillance, mais par glissement. La consultation devient plus rapide. Le regard se tourne vers l'écran. Le corps réel devient secondaire. Or le vivant parle souvent par des signaux faibles : une fatigue particulière, une intuition clinique, une parole hésitante. Ces signaux ne sont pas des données standardisées. Ils demandent une présence. La machine peut aider à voir. Elle ne peut pas sentir.
Soigner sans déléguer le sens. Une médecine augmentée par la technique pourrait être une chance immense, si elle reste gouvernée par une éthique incarnée : que l'outil soutienne sans remplacer ; que la relation demeure première ; que le médecin reste responsable, non couvert par la machine ; que le patient reste sujet, non cas optimisé. Le soin est un art relationnel. Il engage une confiance. Et cette confiance ne se calcule pas.
Les réseaux sociaux sont le laboratoire quotidien de l'automatisation de l'attention. Ici, la machine ne sélectionne pas des candidats, ni des diagnostics. Elle sélectionne ce qui apparaît dans le champ perceptif. Elle construit un monde. L'utilisateur croit parcourir librement. Mais ce

qu'il voit est déjà trié. Ce tri n'obéit pas au bien commun. Il obéit à l'engagement.
L'algorithme apprend ce qui retient. Ce qui choque. Ce qui excite. Ce qui fait réagir. Il ne cherche pas la vérité. Il cherche la captation. Ainsi, l'espace social devient un espace affectif modulé. La colère circule mieux que la nuance. La polarisation retient plus que la complexité. La machine amplifie ce qui fonctionne, non ce qui éclaire.
Ce mécanisme n'est pas idéologique au départ. Il est économique. Mais ses effets sont anthropologiques : il transforme la manière dont les individus perçoivent le monde, les autres, eux-mêmes. L'attention devient un territoire exploité. Le vivant est affecté ici par une fatigue particulière : celle d'être constamment tiré hors de soi, sollicité, fragmenté. Ce n'est pas spectaculaire. C'est diffus. Mais c'est massif.
Habiter l'attention comme un milieu. Dans cette scène, résister ne signifie pas quitter toute technologie. Cela signifie reprendre une souveraineté intérieure : retrouver des seuils de déconnexion ; reconnaître la captation comme un régime, non comme un choix neutre ; réhabiliter la lenteur, la continuité, le silence ; ne pas confondre lien et flux. Habiter le numérique sans s'y dissoudre devient une pratique du vivant.
Ces trois scènes montrent un même déplacement : la machine devient médiatrice de trajectoires humaines fondamentales — accéder au travail, être soigné, orienter son attention. Ce déplacement n'est pas un complot. Il est un glissement. La question n'est pas : faut-il refuser l'automatisation ? La question est : comment maintenir la responsabilité humaine là où elle tend à se dissoudre ?

Tenir le seuil, c'est cela : rester présent là où la machine calcule plus vite. Ne pas précéder le mouvement, sans pour autant s'effacer.
Et pourtant, ce glissement ne vient pas seulement de la technique. Il vient de ce qu'elle prolonge. Car ce que la machine applique n'est jamais étranger à l'humain. Elle n'invente pas seule les critères, les hiérarchies, les exclusions. Elle les reçoit, les organise, les amplifie.
À mesure que l'automatisation s'installe, une évidence se dessine : l'IA n'est pas un ailleurs. Elle est un miroir. Un miroir structuré, puissant, silencieux, dans lequel une société projette ses valeurs, ses préférences, ses angles morts.

Ainsi, la question se déplace encore. Il ne s'agit plus seulement de ce que la machine fait, mais de ce que nous déposons en elle. De ce que nous lui demandons de porter. De ce que nous acceptons de voir renforcé, reproduit, rendu opérant.
C'est ici qu'apparaît la responsabilité symbolique : celle de reconnaître que derrière chaque automatisation se tient une projection humaine, et que cette projection engage toujours plus que des calculs. Elle engage une vision du monde.

✧2.5. Projection humaine et responsabilité symbolique

Toute technique porte une trace humaine. Non pas seulement dans sa conception, mais dans ce qu'elle rend possible, dans ce qu'elle privilégie, dans ce qu'elle répète. Lorsqu'un système fonctionne à grande échelle, cette trace devient moins visible, mais elle ne disparaît pas. Elle se diffuse. Elle s'inscrit dans des usages, des normes, des décisions qui finissent par paraître naturelles.
La projection humaine ne se réduit pas à une intention consciente. Elle ne suppose pas un projet explicitement formulé. Elle opère souvent en amont, dans des évidences partagées, dans des cadres de pensée hérités, dans des représentations du monde rarement questionnées. Ce qui est projeté dans la machine n'est pas seulement ce que l'on veut ; c'est aussi ce que l'on considère comme allant de soi.
Ainsi, les systèmes techniques ne sont pas seulement des outils fonctionnels. Ils sont des supports symboliques. Ils incarnent une certaine manière de dire ce qui compte, ce qui mérite attention, ce qui peut être laissé de côté. Ils matérialisent des hiérarchies qui, jusque-là, pouvaient rester implicites.
Lorsque ces hiérarchies sont inscrites dans des dispositifs automatisés, elles acquièrent une force nouvelle. Elles cessent d'être discutées au quotidien. Elles se rejouent mécaniquement, parfois sans être reconnues comme des choix. La projection humaine devient structure.
Ce passage de la projection à la structure est décisif. Il transforme des orientations situées en cadres durables. Ce qui était une préférence devient une norme. Ce qui était un compromis devient une règle. Et ce qui était un choix humain se présente comme une conséquence technique.

C'est à cet endroit que la responsabilité se complexifie. Car il devient difficile de dire qui est responsable de ce qui se produit. Le concepteur ? L'organisation ? L'utilisateur ? Le système lui-même ? La responsabilité se fragmente, se dilue, se déplace. Elle n'est plus portée par un sujet identifiable, mais répartie dans une chaîne d'acteurs et de processus.

Pourtant, la dimension symbolique demeure. Les systèmes continuent de produire du sens, même lorsqu'ils ne sont pas perçus comme tels. Ils contribuent à façonner les attentes, les comportements, les représentations. Ils influencent la manière dont les individus se perçoivent eux-mêmes et perçoivent les autres.

Ce façonnage est rarement explicite. Il se fait par répétition, par exposition, par familiarité. Ce qui est régulièrement proposé comme pertinent finit par être intériorisé. Ce qui est systématiquement écarté perd en légitimité. La projection humaine initiale se transforme en horizon implicite.

Dans ce contexte, parler de responsabilité symbolique ne revient pas à attribuer une faute. Il s'agit plutôt de reconnaître que toute technologie participe à une mise en récit du monde. Même lorsqu'elle se présente comme neutre, elle raconte quelque chose : ce qui est valorisé, ce qui est attendu, ce qui est possible.

Lorsque cette mise en récit n'est pas reconnue, elle agit en silence. Elle influence sans être interrogée. Elle oriente sans être assumée. La responsabilité symbolique est alors absente, non parce qu'elle n'existe pas, mais parce qu'elle n'est pas nommée.

Nommer cette responsabilité demande un déplacement du regard. Il ne s'agit plus seulement d'évaluer les performances d'un système, mais de se demander ce qu'il rend pensable. Quels comportements il encourage. Quelles relations il normalise. Quelles formes de réussite il met en avant.

Ce questionnement engage le corps et la relation. Les systèmes techniques modifient les rythmes, les attentes, les manières d'entrer en contact. Ils influencent la perception de soi : être visible, être reconnu, être classé. Ce qui est projeté dans la machine revient vers l'humain sous forme d'exigences intériorisées.

Ce retour n'est pas neutre. Il peut renforcer des normes déjà présentes. Il peut accentuer des inégalités. Il peut aussi, parfois, rendre visibles

des tensions jusque-là diffuses. Mais dans tous les cas, il engage une responsabilité qui ne peut être réduite à une question de conformité réglementaire.
La responsabilité symbolique ne se limite pas à respecter des règles. Elle consiste à assumer l'effet de sens produit par les systèmes que l'on déploie. Elle suppose une attention à ce qui est induit, suggéré, valorisé. Elle demande de reconnaître que l'on ne délègue jamais entièrement le sens à une machine.
Ce point est souvent délicat, car il confronte à une illusion rassurante : celle selon laquelle la technique pourrait nous protéger de la responsabilité. Comme si automatiser permettait de neutraliser les choix. Comme si confier à un système permettait d'éviter de répondre de ce qu'il produit.
Mais la responsabilité symbolique ne se délègue pas. Elle se déplace, ou elle est assumée.
Lorsque cette responsabilité n'est pas tenue, le système devient un écran. Un écran derrière lequel les choix humains se dissimulent. La projection initiale continue d'agir, mais sans être reconnue comme telle. Le symbolique se fait opérant sans être habité.
Reconnaître cette dimension n'implique pas de rejeter la technique. Cela implique de la re-situer. De rappeler qu'elle est toujours inscrite dans une vision du monde, même lorsqu'elle prétend s'en abstraire. De reconnaître que cette vision mérite d'être interrogée, discutée, ajustée.
Ce geste est exigeant. Il demande de sortir d'une lecture purement instrumentale des systèmes. Il suppose d'accepter que la question du sens ne soit pas soluble dans l'optimisation. Il invite à une vigilance qui ne peut être automatisée.
Dans cette vigilance, la parole joue un rôle central. Non pas pour expliquer les systèmes dans le détail, mais pour assumer ce qu'ils portent. Dire pourquoi un certain critère a été privilégié. Dire ce qui a été laissé de côté. Dire ce qui ne peut pas être pris en charge par la machine sans perte.
Cette parole n'est pas une justification a posteriori. Elle est une manière de rester présent à ce que l'on projette. Elle permet de maintenir un lien entre l'intention humaine et l'effet produit. Elle évite que la projection se transforme en fatalité.

À mesure que cette responsabilité symbolique est reconnue, une autre relation à la technique devient possible. Une relation moins fascinée, moins défensive, plus située. La machine cesse d'être un absolu pour redevenir un intermédiaire. Puissant, mais inscrit dans une histoire humaine.

Ce déplacement n'apporte pas de solution définitive. Il ouvre un espace de tenue. Un espace où l'humain accepte de répondre de ce qu'il met en circulation, même lorsque cela passe par des systèmes complexes. Un espace où la projection n'est plus inconsciente, mais assumée comme telle.

Rien n'est clos ici. Les technologies continueront d'évoluer. Les projections humaines continueront de s'y inscrire. Ce qui reste ouvert, c'est la possibilité de ne pas se dérober à la responsabilité symbolique, et de reconnaître que le sens ne se programme pas, mais se tient, dans la durée, par une présence humaine qui accepte de répondre.

Reconnaître la projection humaine à l'œuvre dans les systèmes techniques ne suffit pas encore. Il reste à accepter ce qu'elle révèle. Car la machine, en amplifiant nos cadres et nos valeurs, nous renvoie une image parfois inconfortable de nos priorités, de nos angles morts, de nos renoncements tacites. Ce miroir ne juge pas, il expose. Il ne corrige pas, il montre. Se regarder sans détour ne consiste donc pas à accuser la technique, mais à assumer ce qu'elle rend visible de nous-mêmes, et à reprendre, là où c'est possible, la responsabilité du regard que nous portons sur le monde.

✧2.6. Se regarder sans détour

Il arrive un moment où la question n'est plus ce que fait la machine, ni même ce qu'elle produit, mais ce qu'elle nous oblige à voir de nous-mêmes. Tant que la technique peut être pensée comme extérieure, le regard se détourne facilement. On parle d'outils, de systèmes, de performances. On discute des risques et des bénéfices. Mais lorsque la machine commence à refléter avec constance nos choix, nos hiérarchies et nos silences, le détour devient plus difficile.

Se regarder sans détour ne signifie pas s'accuser. Cela ne suppose ni culpabilité ni procès. Il s'agit plutôt d'un acte de lucidité. Reconnaître que ce qui apparaît dans les systèmes techniques n'est pas une anomalie surgie de nulle part, mais une continuité. Une continuité

entre ce qui est pensé, ce qui est valorisé, et ce qui est finalement automatisé.
Ce regard demande une certaine stabilité intérieure. Il est plus confortable d'imputer aux machines ce qui dérange que d'interroger les cadres humains qui les ont rendues possibles. Pourtant, lorsque les résultats révèlent des exclusions, des rigidités ou des appauvrissements relationnels, la question essentielle n'est pas : pourquoi la machine fait-elle cela ? Elle devient : pourquoi avons-nous jugé cela acceptable ?
Un tel déplacement engage le corps. Il suscite parfois une résistance, une gêne, un inconfort diffus. Non parce que la vérité serait violente, mais parce qu'elle rompt avec des récits rassurants. Se regarder sans détour, c'est consentir à sentir ce décalage entre les intentions affichées et les effets produits. C'est reconnaître que certaines valeurs proclamées ne sont pas toujours celles qui orientent réellement les choix.
Dans cette confrontation, le langage joue un rôle déterminant. Tant que les mots restent abstraits, la responsabilité peut rester floue. Mais lorsque les choses sont nommées simplement — ce qui est priorisé, ce qui est sacrifié, ce qui est ignoré — le réel devient plus difficile à esquiver. Nommer ne sert pas à enfermer, mais à rendre visible.
Ce regard sans détour révèle aussi une autre chose : la cohérence. Les systèmes techniques, par leur constance, rendent visibles des logiques que l'humain peut parfois dissimuler à lui-même. Là où les pratiques humaines sont fragmentées, contradictoires, les systèmes automatisés produisent une continuité. Cette continuité peut être dérangeante, précisément parce qu'elle montre ce qui, jusque-là, pouvait rester diffus.
Reconnaître cette cohérence ne signifie pas l'accepter telle quelle. Cela signifie la voir pour ce qu'elle est. Une expression stabilisée de choix humains. Une cristallisation de priorités qui ont été posées, parfois sans être pleinement assumées. Se regarder sans détour, c'est accepter que la machine ne fasse que tenir un miroir plus stable que nos discours.

Ce moment de reconnaissance ouvre un espace nouveau. Lorsque le miroir est accepté, il devient possible de distinguer ce qui relève d'un héritage non interrogé et ce qui peut être transformé. Le regard cesse

d'être défensif. Il devient attentif. Non pour corriger immédiatement, mais pour discerner ce qui mérite d'être repris.
Dans cet espace, la parole retrouve une fonction essentielle. Elle ne sert pas à justifier, elle sert à répondre : répondre de ce qui a été projeté, de ce qui a été laissé hors champ, de ce qui continue d'agir même lorsqu'on aurait préféré l'ignorer. Cette parole n'a rien de spectaculaire. Elle est souvent simple, parfois inconfortable, néanmoins nécessaire.
Se regarder sans détour implique également de reconnaître les limites : celles des systèmes, comme celles de l'humain lui-même. Admettre que certaines décisions aient été prises sous contrainte. Reconnaître que certaines priorités se sont imposées par défaut. Voir cela ne diminue pas la responsabilité ; cela lui donne une forme plus juste.
Ce regard transforme alors la relation à la technique. La machine cesse d'être un écran derrière lequel se réfugier. Elle devient un révélateur. Non un juge, plutôt un témoin exigeant, parce qu'il ne détourne pas l'attention là où l'humain pourrait être tenté de le faire.
À ce point de la traversée, quelque chose se déplace intérieurement. La question n'est plus seulement de perfectionner les systèmes, elle devient celle d'habiter les choix qu'ils incarnent. Ce déplacement ne conduit pas à une solution immédiate. Il ouvre une responsabilité qui ne peut être déléguée.
Se regarder sans détour, c'est accepter que la technique ne nous protège pas de nous-mêmes. Qu'elle rende, au contraire, plus visible ce qui demande à être assumé. Cette reconnaissance n'est pas une fin : elle est un seuil.
Rien n'est clos ici. Le regard peut toujours se détourner à nouveau. Pourtant, une fois que la possibilité de voir sans détour est reconnue, quelque chose demeure : une vigilance, une exigence silencieuse, la capacité de ne plus confondre progrès technique et progrès humain, et de laisser au discernement l'espace nécessaire pour orienter ce qui mérite réellement d'être porté.
L'intelligence artificielle n'apparaît plus ici comme une entité séparée, ni comme une intelligence autonome qui viendrait rivaliser avec l'humain. Elle se révèle comme un prolongement. Un miroir amplificateur. Ce qu'elle produit n'est jamais extérieur aux choix qui l'ont rendue possible.

Les systèmes d'IA ne font que rendre visibles des priorités déjà à l'œuvre. Ce qui est mesuré, optimisé, automatisé n'est pas choisi au hasard. Ces choix traduisent une hiérarchie de valeurs souvent implicites : efficacité avant justesse, rendement avant relation, prévisibilité avant singularité. Là où ces valeurs ne sont pas interrogées, elles se cristallisent dans les systèmes.

La neutralité technique s'est révélée pour ce qu'elle est : une fiction fonctionnelle. Elle permet le déploiement à grande échelle, tout en masquant les hiérarchies qu'elle véhicule. L'IA n'échappe pas à cette logique : elle l'intensifie. Ce qui était déjà marginal devient invisible. Ce qui était dominant se renforce.

Cette projection n'est pas nécessairement malveillante. Elle est souvent inconsciente. Pourtant, son effet demeure réel. Les biais, les exclusions, les silences ne naissent pas dans les machines : ils sont hérités, reproduits, parfois amplifiés. Refuser de le reconnaître revient à abandonner aux systèmes la responsabilité de choix que nous n'assumons pas.

Se regarder sans détour devient alors un enjeu central. Comprendre l'IA ne consiste pas uniquement à analyser ses algorithmes, mais à interroger ce que nous acceptons de traduire en données, et ce que nous laissons hors champ. Ce qui échappe au calcul n'est pas secondaire : il est souvent ce qui compte le plus.

Cette spirale a mis en lumière un déplacement essentiel. La question n'est pas de savoir si l'IA est bonne ou mauvaise, mais de reconnaître qu'elle rend visibles des orientations déjà prises. Elle oblige à une lucidité nouvelle. Elle expose nos angles morts collectifs.

Une telle exposition peut être inconfortable. Elle ébranle l'idée d'un progrès neutre, automatique, indépendant de toute responsabilité humaine. Elle appelle à reprendre la question du sens en amont, là où les systèmes sont conçus, entraînés, déployés.

Rien n'est clos ici. Les technologies d'IA continueront de se développer, d'apprendre, de s'intégrer aux décisions humaines. Toutefois, ce qui peut demeurer ouvert, c'est la capacité collective à ne pas se défausser sur elles de ce qui relève du choix, de la valeur, de la hiérarchie.

L'IA ne nous dit pas ce que nous devons être. Elle révèle ce que nous sommes en train de rendre visible. Reconnaître cette projection n'est pas un aveu de faiblesse. C'est une exigence de maturité. Une condition pour que la technique demeure un outil au service du vivant, et non le lieu où se figent, sans parole, des valeurs non assumées.

> **Ce que la machine ne peut pas voir**
> *La machine peut reconnaître des régularités. Elle ne perçoit pas le silence, l'hésitation, la nuance, la présence. Ce qui lui manque n'est pas l'information, mais le sens vécu. Ce qui échappe au calcul n'est pas secondaire : c'est souvent ce qui compte.*

SPIRALE III
— Dépendance cognitive et delégation du jugement —

★SPIRALE III — Dépendance cognitive et délégation du jugement

Là où l'outil devient arbitre, et où la responsabilité se dilue sans être nommée.

Lorsque la machine est perçue comme un miroir, une question nouvelle émerge : que se passe-t-il lorsque l'humain cesse progressivement de soutenir le jugement qu'il y a projeté ? L'amplification des valeurs ne suffit plus à décrire la situation. Un déplacement plus subtil s'opère, souvent silencieux, rarement assumé : celui de la délégation du discernement.

La délégation n'est pas en soi problématique. Elle accompagne toute organisation humaine. Confier une tâche, répartir une charge, s'appuyer sur des outils pour alléger l'effort fait partie de l'histoire collective. Mais il existe une différence fondamentale entre déléguer une action et déléguer un jugement. Dans le premier cas, la responsabilité demeure clairement située. Dans le second, elle commence à se déplacer sans toujours être nommée.

Les systèmes d'intelligence artificielle sont de plus en plus sollicités pour évaluer, classer, recommander, prédire. Ils orientent les décisions en amont, parfois sans les remplacer explicitement. Ils proposent un cadre, un score, une probabilité. L'humain reste officiellement décideur, mais le terrain est déjà balisé. Ce qui apparaît alors comme une aide devient, dans les faits, une norme implicite.

Ce glissement est rarement spectaculaire. Il s'opère par confort, par gain de temps, par confiance accordée à des systèmes perçus comme plus fiables, plus cohérents, moins sujets à l'erreur humaine. Peu à peu, le jugement se repose sur l'outil. Le doute se réduit. L'arbitrage devient exceptionnel. L'exception doit se justifier.

Dans de nombreux contextes contemporains, cette dynamique est visible. Les outils d'aide à la décision orientent les recrutements, les évaluations de performance, les diagnostics médicaux, les politiques de sécurité ou de crédit. Les recommandations algorithmiques structurent les choix culturels, informationnels, relationnels. Chaque fois, la promesse est celle d'une rationalité accrue. Mais cette rationalité

repose sur des critères prédéfinis, rarement remis en question dans l'usage quotidien.
À force de s'appuyer sur ces systèmes, le discernement humain peut s'atrophier sans bruit. Non par incapacité, mais par désentraînement. Comme un muscle peu sollicité, il perd en souplesse. La capacité à nuancer, à contextualiser, à assumer une décision à contre-indication se fragilise.
Cette dépendance cognitive ne se manifeste pas par une soumission explicite, mais par un retrait progressif. L'humain continue d'agir, toutefois il le fait dans un cadre déjà dessiné. Il valide plus qu'il n'arbitre. Il accompagne plus qu'il ne tranche. Et lorsque la décision pose problème, la responsabilité devient difficile à situer. Qui a choisi, alors ? L'outil ? Le système ? L'utilisateur ? L'organisation ?
Cette dilution est l'un des effets les plus sensibles de la délégation non nommée. Elle crée une zone grise où personne ne se sent pleinement responsable, alors même que les conséquences sont bien réelles. Le jugement, pourtant central dans toute décision engageant le vivant, se trouve réparti entre des acteurs qui ne peuvent pas tous répondre.
Dans ce contexte, l'erreur change de statut. Elle n'est plus l'occasion d'un apprentissage ou d'une remise en question. Elle devient un dysfonctionnement à corriger, un bug à éliminer. Le sens de la décision se dissout dans la recherche de conformité. Ce qui compte n'est plus de décider juste, mais de décider conformément au modèle.
Cette logique produit une tension profonde. D'un côté, l'humain est invité à rester responsable. De l'autre, les systèmes qu'il utilise orientent de plus en plus fortement ses choix. La responsabilité est affirmée dans le discours, mais affaiblie dans la pratique. Elle devient abstraite, difficile à incarner.
Ce déplacement touche aussi la relation à soi. Lorsque le jugement est externalisé, l'humain peut perdre confiance dans sa propre capacité à discerner. Le doute n'est plus vécu comme une étape nécessaire, mais comme une faiblesse. La certitude algorithmique rassure, même lorsqu'elle repose sur des critères partiels.
Cette situation interroge profondément la manière dont une société conçoit la décision. Décider n'est pas seulement choisir une option parmi d'autres. C'est assumer une orientation, en accepter les

conséquences, répondre de ce qui a été engagé. Aucun système automatisé ne peut porter cela à la place d'un humain.
Là où l'outil devient arbitre, la relation se transforme. L'autorité glisse. Non pas par contrainte, mais par défaut de présence. Ce glissement est d'autant plus puissant qu'il se produit sans conflit apparent. Il est accepté parce qu'il soulage, parce qu'il simplifie, parce qu'il s'inscrit dans un monde déjà accéléré.
Pourtant, cette simplification a un coût. Elle réduit l'espace intérieur nécessaire à la décision. Elle transforme le jugement en validation. Elle rend plus difficile la capacité de dire non, de suspendre, de prendre le temps d'un discernement qui ne se laisse pas réduire à un score.
Reconnaître cette dépendance cognitive ne revient pas à condamner les outils. Cela revient à nommer un seuil. Le seuil à partir duquel l'aide devient substitution. Le seuil à partir duquel la recommandation devient norme. Le seuil à partir duquel l'humain cesse d'assumer pleinement ce qu'il choisit.
Nommer ce seuil est un acte de responsabilité. Il permet de réintroduire une distinction essentielle : celle entre l'outil et l'arbitre. L'outil peut éclairer, soutenir, informer. L'arbitre, lui, engage. Il répond. Il tient la décision dans la durée.
Ce chapitre invite à un déplacement du regard. À reconnaître que la dépendance cognitive n'est pas une fatalité, mais une dynamique réversible. Elle peut être interrogée, ajustée, réorientée — à condition d'être d'abord rendue visible.
Lorsque le jugement est repris, la responsabilité retrouve une place incarnée. Lorsqu'elle est pleinement assumée, la relation aux machines peut se penser autrement : non comme un transfert de pouvoir, mais comme une coopération consciente.
C'est à cette possibilité que la spirale suivante s'ouvrira. Non pour revenir en arrière, mais pour tenir la relation, orienter la coopération, et redonner à l'humain la souveraineté nécessaire afin que la technique demeure au service du vivant.

✦Chapitre III — Quand le jugement se délègue sans se dire

Il arrive un moment où la question n'est plus ce que la machine reflète, mais ce que l'humain cesse de porter. Lorsque l'outil devient familier, intégré, presque invisible, un déplacement s'opère. Ce déplacement ne se fait pas dans le bruit ni dans la rupture, mais dans la continuité. C'est précisément ce qui le rend difficile à percevoir.

À force de confier l'évaluation, la recommandation et l'arbitrage aux systèmes, le discernement humain peut s'atrophier silencieusement. Non par incapacité, mais par désengagement progressif. Le jugement ne disparaît pas brutalement ; il se retire. Il s'appuie, puis se repose, puis s'efface partiellement, laissant place à des critères déjà établis.

Ce phénomène traverse aujourd'hui de nombreux espaces de la vie collective. Les décisions sont de plus en plus préparées par des outils qui classent, hiérarchisent, priorisent. L'humain reste présent, mais souvent en bout de chaîne. Il valide, ajuste à la marge, ou suit ce qui est présenté comme la meilleure option. Le cadre de la décision est déjà là.

Ce glissement est rarement vécu comme une perte. Il est souvent perçu comme un soulagement. Le doute diminue. L'incertitude est contenue. La complexité semble maîtrisée. Pourtant, ce qui se réduit en même temps, c'est l'espace intérieur nécessaire pour assumer pleinement un choix.

Le jugement humain n'est pas un simple calcul. Il engage le corps, l'expérience, la relation. Il suppose une capacité à tenir l'ambivalence, à accueillir ce qui ne se résout pas immédiatement. Lorsqu'il est externalisé, même partiellement, cette capacité s'amenuise. La décision devient plus rapide, mais aussi plus étroite.

Dans ce contexte, la confiance accordée aux scores, aux indicateurs, aux probabilités prend une place centrale. Ce qui est chiffré paraît plus fiable que ce qui est ressenti. Ce qui est recommandé semble plus sûr que ce qui est discerné. Peu à peu, l'humain apprend à se fier davantage à ce qui lui est présenté qu'à ce qu'il perçoit.

Ce mouvement touche aussi le rapport au corps. Le signal intérieur — hésitation, inconfort, intuition — est facilement mis de côté lorsqu'il

contredit une recommandation perçue comme objective. Le corps devient secondaire face à la donnée. La relation au réel se médiatise.
Ce n'est pas une erreur technique. C'est une transformation de la manière d'habiter la décision.
Dans cette transformation, la responsabilité change de visage. Elle n'est plus clairement située. Lorsqu'une décision pose problème, il devient difficile de dire où elle a réellement été prise. L'outil a orienté. Le système a suggéré. L'humain a validé. La responsabilité se dilue dans la chaîne.
Cette dilution est l'un des points de friction les plus sensibles. Elle crée une zone grise où personne ne se sent pleinement responsable, alors même que les conséquences sont bien réelles. Le jugement, pourtant central dans toute décision engageant le vivant, se trouve réparti entre des instances qui ne peuvent pas toutes répondre.
Dans cette zone grise, certaines conceptions de l'amour et du soin se trouvent implicitement renforcées. L'amour est parfois confondu avec la protection contre l'erreur. Le soin devient synonyme de prévention maximale, de contrôle accru, de réduction du risque à tout prix. Comme si aimer consistait à éviter toute incertitude.
Or aimer ne consiste pas à supprimer le risque. Aimer consiste à assumer une relation.
Une relation implique toujours une part d'incertitude, une exposition, une responsabilité qui ne peut être totalement déléguée. Lorsque le jugement est confié à des systèmes censés sécuriser la décision, l'amour se transforme en gestion. La relation se rigidifie.
Cette rigidification se manifeste aussi dans la parole. La parole humaine, lorsqu'elle engage un jugement, porte une responsabilité. Elle peut être contestée, interrogée, assumée. À l'inverse, la décision appuyée sur un système tend à se présenter comme neutre, presque indiscutable. La parole se réfugie derrière l'outil.
Pourtant, aucune décision engageant le vivant ne peut être neutre. Elle implique toujours une orientation, un choix, un renoncement.
Reconnaître cela demande de remettre en question une évidence contemporaine : l'idée que déléguer le jugement serait un progrès en soi. Ce n'est pas la délégation qui pose problème, mais ce qui est délégué sans être nommé. Lorsque l'arbitrage est transféré sans reconnaissance explicite, la responsabilité se fragilise.

Nommer ce transfert ne revient pas à condamner l'outil. Cela revient à réintroduire une distinction essentielle : celle entre l'aide et l'arbitre. L'outil peut éclairer, soutenir, informer. L'arbitre, lui, engage. Il répond. Il porte la décision dans le temps.

Ce moment de reconnaissance opère un déplacement intérieur. Le regard cesse de se fixer sur la fiabilité du système pour revenir vers la posture humaine. La question n'est plus : *le système est-il performant ?* mais : *qui tient réellement la décision ?*

Ce déplacement ouvre un espace nouveau. Il redonne au jugement sa place non comme un défaut à corriger, mais comme une capacité à cultiver. Il réhabilite le doute non comme une faiblesse, mais comme une composante nécessaire du discernement. Il permet de réconcilier l'amour, la parole et la présence dans l'acte même de décider.

Lorsque le jugement est repris, la responsabilité cesse d'être abstraite. Elle redevient incarnée. Elle s'inscrit dans une relation vivante, où l'humain accepte de répondre de ce qu'il choisit, même lorsque l'outil a contribué à éclairer la décision.

Ce chapitre ne cherche pas à clore la question de la dépendance cognitive. Il en trace le seuil. Il invite à reconnaître le moment précis où l'aide devient substitution, où la recommandation devient norme, où l'humain cesse d'assumer ce qu'il choisit — tout en continuant d'en subir les conséquences.

À partir de ce seuil, une autre voie devient pensable. Non pas le retrait de la technologie, mais une relation ajustée, où la coopération reste gouvernée par le discernement humain. C'est cette possibilité que la spirale suivante ouvrira, sans promesse ni certitude, mais avec une exigence claire : tenir la relation sans se déposséder de soi.

✧3.1. Histoire humaine de la délégation

L'histoire humaine peut se lire comme une succession de délégations. Déléguer n'est pas, à l'origine, un renoncement. C'est un geste de survie et de coopération. Confier une tâche, transmettre une responsabilité, s'appuyer sur un autre pour continuer à tenir ensemble ce qui dépasse les forces individuelles. La délégation naît d'un manque, mais aussi d'une confiance : celle de ne pas porter seul.

Dans les premières formes de vie collective, déléguer signifiait répartir. Répartir les gestes, les rôles, les veilles, les savoirs. La chasse, la protection, le soin, la transmission. Chacun prenait en charge une part du réel, sans perdre la conscience de l'ensemble. La délégation restait située, réversible, incarnée. Celui qui recevait la charge la portait devant les autres. La responsabilité n'était pas effacée ; elle était rendue visible. Cette visibilité est essentielle. Tant que la délégation demeure visible, elle reste humaine. Elle peut être interrogée, ajustée, reprise. Le geste délégué ne disparaît pas de la conscience collective. Il circule. Il se raconte. Il s'inscrit dans une mémoire partagée.

Avec le temps, les formes de délégation se complexifient. Les sociétés s'agrandissent. Les rôles se spécialisent. Les médiations se multiplient. Le geste confié s'éloigne de celui qui l'a initié. La responsabilité commence à se fragmenter. Non par malveillance, mais par nécessité organisationnelle. Il devient difficile de tenir ensemble la totalité des conséquences.

Cette complexification introduit une première rupture. La délégation cesse d'être seulement relationnelle ; elle devient structurelle. Des institutions apparaissent pour porter ce qui ne peut plus être assumé individuellement. Elles organisent, régulent, arbitrent. Elles offrent une stabilité. Mais elles introduisent aussi une distance.

Dans cette distance, quelque chose se déplace. La responsabilité n'est plus seulement vécue ; elle est attribuée. Elle prend la forme de règles, de procédures, de statuts. Ce déplacement permet une continuité, mais il modifie la relation au geste délégué. Ce qui était porté par une personne est désormais pris en charge par une fonction.

La fonction rassure. Elle promet l'impartialité, la constance, la prévisibilité. Elle protège de l'arbitraire. Mais elle introduit aussi une abstraction. La décision n'est plus directement reliée à une présence incarnée. Elle est médiée par un cadre.

Ce mouvement n'est pas une faute originelle. Il répond à un besoin réel. Mais il prépare un terrain où la délégation peut progressivement perdre son ancrage. Lorsque la fonction devient centrale, la relation se fait secondaire. Le geste est accompli, mais le lien se distend.

À mesure que les systèmes s'affinent, la délégation s'automatise. Des outils apparaissent pour soutenir, accélérer, sécuriser les décisions. Ils promettent de réduire l'erreur humaine, de gagner du temps, de garantir une forme d'équité. L'intention est souvent juste. Mais le geste se transforme à nouveau.

Ce qui était délégué à une personne est désormais confié à un dispositif. La médiation n'est plus seulement institutionnelle ; elle devient technique. Le calcul remplace l'arbitrage. La règle est intégrée au système. La décision se produit sans qu'un sujet n'ait à la porter pleinement.

Dans ce passage, la délégation change de nature. Elle ne concerne plus seulement l'action, mais le jugement. Ce n'est plus seulement faire à la place de ; c'est décider à la place de. L'humain n'est pas absent, mais il est relégué en amont. Il définit les paramètres, puis se retire.

Ce retrait est souvent vécu comme un soulagement. Décider est lourd. Juger engage. Assumer les conséquences expose. La délégation du jugement promet une forme de légèreté. Elle donne l'impression que la décision s'impose d'elle-même, qu'elle est le résultat d'un processus neutre.

Mais ce soulagement a un prix. Lorsque le jugement est délégué, la responsabilité se dilue. Elle ne disparaît pas ; elle devient difficile à situer. Qui répond de la décision ? Celui qui a conçu le système ? Celui qui l'a déployé ? Celui qui l'utilise ? Le système lui-même ?

Cette indétermination est nouvelle dans l'histoire humaine. Elle crée un vide symbolique. Un espace où l'acte existe sans porteur clairement identifiable. La décision est là, ses effets aussi, mais la parole qui la soutient manque.

Ce manque n'est pas seulement juridique ou organisationnel. Il est relationnel. Dans les situations où la décision affecte des vies, des trajectoires, des corps, l'absence de porteur se fait sentir. Il n'y a plus quelqu'un à qui parler, quelqu'un qui puisse répondre, quelqu'un qui accepte d'être touché par les conséquences.

Dans ce contexte, certaines conceptions de l'amour se déforment. L'amour est parfois réduit à une absence d'engagement : ne pas juger, ne pas intervenir, laisser faire le système. Cette posture se présente comme respectueuse. Elle évite l'arbitraire. Mais elle confond retrait et attention.

Aimer ne consiste pas à se retirer entièrement. Aimer consiste à se rendre responsable de la relation.

Lorsque la délégation devient un retrait total, l'amour se vide de sa substance relationnelle. Il devient une neutralité abstraite. Une bienveillance sans présence. Une protection sans réponse.

L'histoire humaine de la délégation montre pourtant autre chose. Les formes les plus soutenables de délégation sont celles qui maintiennent un lien vivant entre le geste et celui qui l'a confié. Là où ce lien est rompu, la délégation se transforme en abandon.

Ce basculement est souvent discret. Il ne se manifeste pas par un événement spectaculaire, mais par une accumulation de petites décisions prises sans regard, sans parole, sans retour. Le système fonctionne. Les procédures sont respectées. Mais quelque chose du lien se perd.

Reconnaître cette perte ne revient pas à rejeter la délégation. Il s'agit de distinguer. Distinguer ce qui peut être confié sans perte, et ce qui demande une présence humaine irréductible. Distinguer l'aide de la substitution. Le soutien du retrait.

Cette distinction engage le corps. Lorsque la décision est déléguée trop loin, le corps humain n'est plus affecté. Il n'éprouve plus directement les conséquences. Cette désaffection peut protéger à court terme, mais elle appauvrit la relation au réel. Elle rend plus facile la répétition de décisions qui blessent, parce que la blessure n'est plus ressentie.

La parole, elle aussi, est affectée. Dans un régime de délégation avancée, la parole devient explicative plutôt que responsable. On explique le fonctionnement. On invoque les règles. On décrit le processus. Mais on ne parle plus depuis un engagement.

Or la parole humaine a cette fonction singulière : porter la décision. Dire « j'ai décidé », ou « nous avons décidé », c'est accepter d'en être comptable. Lorsque cette parole disparaît, la décision perd sa densité symbolique.

Ce qui est en jeu ici n'est pas un retour à une responsabilité individuelle héroïque. Il s'agit de reconnaître que certaines dimensions du jugement ne peuvent pas être entièrement déléguées sans perte de sens. La délégation totale du jugement produit une efficacité apparente, mais elle fragilise le lien social.

Ce constat ouvre un déplacement intérieur. La question n'est plus seulement de savoir ce qui fonctionne, mais ce qui demeure habitable. Ce qui permet aux humains de se reconnaître encore comme des sujets capables de répondre, et non comme de simples opérateurs de décisions produites ailleurs.

Ce déplacement ne propose pas de modèle clé en main. Il invite à une vigilance. À une attention portée aux lieux où la délégation cesse de soutenir pour commencer à effacer. À une capacité à reprendre la parole là où elle s'est retirée.
Rien n'est clos ici. La délégation continuera d'évoluer. Les systèmes continueront de se complexifier. Mais ce qui peut rester ouvert, c'est la reconnaissance que déléguer n'est jamais neutre, et que l'histoire humaine de la délégation est aussi une histoire de la manière dont les humains ont choisi — ou oublié — de rester présents à ce qu'ils confient.
Déléguer n'a jamais signifié disparaître. Dans l'histoire humaine, confier une tâche, un rôle ou un outil a longtemps été une manière d'étendre ses capacités tout en demeurant responsable de l'orientation donnée. La délégation supposait un retour, un contrôle, parfois un apprentissage partagé. Mais ce rapport change lorsque l'aide ne se contente plus de soutenir l'action et commence à la remplacer. Ce qui était un appui devient un relais permanent, et ce glissement discret transforme la nature même de l'engagement humain dans l'acte.

✧3.2. De l'aide à la substitution

L'aide, dans son sens le plus simple, naît d'un ajustement. Elle vient soutenir un geste déjà engagé, alléger une charge momentanée, permettre de continuer sans s'épuiser. Aider ne signifie pas faire à la place de. Cela signifie accompagner un mouvement qui demeure porté par celui qui agit. L'aide respecte une orientation préexistante. Elle reconnaît la capacité de l'autre, même lorsqu'elle se met temporairement à son service.
Cette distinction est fine, mais décisive. Tant que l'aide s'inscrit dans une relation, elle reste réversible. Elle peut être acceptée, modulée, refusée. Elle ne retire pas la responsabilité ; elle la rend plus soutenable. Celui qui reçoit l'aide reste présent à ce qui se fait. Il demeure en lien avec les conséquences du geste.
La substitution commence là où cette présence se retire. Elle ne s'annonce pas comme telle. Elle se présente d'abord comme une amélioration de l'aide. Plus rapide. Plus fiable. Plus constante. Elle promet de réduire l'effort, d'éviter l'erreur, de simplifier les processus. Elle rassure en proposant une continuité là où l'humain vacille.

Ce glissement est progressif. L'aide devient indispensable. Puis elle devient attendue. Puis elle devient la norme. Ce qui relevait d'un soutien ponctuel se transforme en condition de fonctionnement. L'humain ajuste alors son geste non plus à la situation, mais à l'outil censé l'aider. La relation s'inverse.

À ce stade, la substitution ne se vit pas comme une perte. Elle est souvent vécue comme un soulagement. Ne plus avoir à porter certaines décisions, ne plus avoir à arbitrer dans l'incertitude, ne plus avoir à assumer seul la charge symbolique du choix. L'outil prend en charge. Le système décide. L'humain exécute ou valide.

Mais ce soulagement est ambigu. Il repose sur un retrait progressif du jugement. Ce qui était autrefois assumé dans la relation est désormais confié à une structure qui ne ressent pas les conséquences. La substitution commence précisément lorsque l'aide ne soutient plus le discernement, mais le remplace.

Ce remplacement affecte d'abord la perception du réel. Lorsque l'outil fournit une réponse, l'attention se détourne de la situation vécue pour se concentrer sur le résultat produit. Le contexte devient secondaire. Ce qui compte, c'est la conformité à ce que le système indique. L'expérience singulière s'efface derrière la recommandation.

Ce déplacement modifie la posture humaine. L'humain n'est plus celui qui décide avec l'aide d'un outil ; il devient celui qui applique ce qui est décidé ailleurs. Même lorsque la décision finale lui revient formellement, le cadre est déjà posé. Refuser devient coûteux. Contester demande une justification supplémentaire.

La substitution s'installe ainsi sans conflit apparent. Elle s'inscrit dans une logique d'efficacité. Elle promet de libérer du temps, de réduire la charge mentale, de sécuriser les choix. Mais elle introduit une dépendance subtile. Plus l'outil décide, moins le jugement humain est sollicité. Moins il est sollicité, moins il est exercé.

Cette atrophie est lente. Elle ne se perçoit pas immédiatement. L'humain continue de fonctionner. Les décisions sont prises. Les résultats sont obtenus. Mais la capacité à sentir ce qui est juste, à ajuster au contexte, à répondre de manière singulière se fragilise.

Dans la relation, ce glissement est particulièrement sensible. Aider quelqu'un suppose une présence. Substituer une réponse suppose une distance. Lorsque la machine ou le système se substitue, la relation

devient médiatisée. L'autre n'est plus rencontré directement ; il est représenté par des données, des catégories, des scores.
Ce régime favorise une forme d'équité abstraite. Traiter des cas similaires de manière identique paraît juste. Mais cette justice formelle ignore la singularité des situations. Elle confond égalité et équivalence. Elle protège contre l'arbitraire, mais elle efface la nuance.
Dans ce contexte, certaines conceptions de l'amour se transforment. L'amour est parfois pensé comme une neutralité bienveillante : ne pas intervenir, ne pas juger, laisser le système appliquer les règles. Cette posture se veut respectueuse. Elle évite l'ingérence. Mais elle peut aussi devenir une manière de se retirer de la relation.
Aider, dans une relation, suppose un engagement. Cela implique de se rendre affectable, de risquer l'erreur, d'accepter la responsabilité. Substituer, au contraire, permet de se protéger. La décision ne vient plus de soi. Elle est imputable au dispositif. La relation est maintenue à distance.
Ce retrait n'est pas toujours conscient. Il est souvent encouragé par des structures qui valorisent la conformité et la sécurité. La substitution devient alors une norme implicite. Celui qui reprend la décision à son compte est perçu comme imprudent, subjectif, potentiellement fautif.
Dans ce climat, la parole change de statut. Elle ne sert plus à porter la décision, mais à expliquer son application. On décrit le fonctionnement du système. On invoque les règles. On justifie par les procédures. La parole se déplace de l'engagement vers l'argumentation.
Or la parole humaine a une autre fonction : assumer. Dire « j'ai décidé » engage le corps, la relation, le sens. Lorsque cette parole disparaît, la décision devient orpheline. Elle produit des effets sans qu'un sujet n'en porte la charge symbolique.
La substitution accentue cette orphelinité. Elle crée des décisions sans visage. Des choix sans porteur. Des conséquences sans interlocuteur. Ce vide relationnel est souvent ressenti par ceux qui subissent la décision. Il n'y a plus quelqu'un à qui s'adresser. Il n'y a qu'un système à comprendre.
Ce régime fragilise le lien social. La confiance ne se nourrit pas uniquement de la cohérence des règles. Elle se nourrit de la présence de ceux qui répondent. Lorsque la décision est toujours ailleurs, la

relation se délite. La frustration s'accumule. Le sentiment d'injustice se renforce.

Reconnaître le passage de l'aide à la substitution ne revient pas à condamner les outils ou les systèmes. Il s'agit de discerner à quel moment l'aide cesse de soutenir le jugement pour commencer à le remplacer. Ce moment n'est pas toujours visible. Il se situe souvent là où la décision devient trop facile, trop rapide, trop déliée de la situation vécue. Ce discernement demande une vigilance particulière. Il suppose de rester attentif à ce qui se passe en soi lorsque l'on délègue. Soulagement ? Détachement ? Indifférence ? Ces signaux ne sont pas à juger, mais à écouter. Ils indiquent la nature de la relation instaurée avec l'outil. Lorsque l'aide est juste, elle renforce la capacité d'agir. Lorsque la substitution s'installe, elle affaiblit progressivement la capacité de répondre. Cette différence est subtile, mais elle est décisive pour le maintien du vivant dans la décision.

Ce déplacement intérieur ouvre une autre manière de coopérer. Il ne s'agit pas de refuser l'aide, mais de refuser la disparition du sujet. De maintenir un espace où le jugement humain reste actif, même soutenu par des dispositifs puissants. De rappeler que certaines décisions ne peuvent être entièrement confiées sans perte de sens.

Rien n'est clos ici. L'aide et la substitution continueront de coexister. Les outils continueront de se perfectionner. Mais ce qui peut rester ouvert, c'est la capacité à reconnaître quand l'aide devient un retrait, et à réintroduire une présence là où la décision a cessé d'être portée par un humain capable de répondre.

Lorsque la substitution s'installe, elle ne se présente pas comme une perte, mais comme un soulagement. L'effort diminue, l'hésitation se réduit, la décision paraît plus fluide. La recommandation arrive au bon moment, allège la charge cognitive, rassure par sa cohérence apparente. Peu à peu, ce confort devient familier. Il n'impose rien, il propose — et c'est précisément ce qui le rend acceptable. L'aide n'est plus interrogée : elle est adoptée pour la tranquillité qu'elle procure.

✧3.3. Le confort de la recommandation

La recommandation s'avance toujours avec douceur. Elle ne décide pas. Elle suggère. Elle oriente sans contraindre. Elle se présente comme une aide discrète, presque attentionnée. Rien n'oblige, tout semble laisser le choix. C'est précisément ce qui la rend confortable.

Recevoir une recommandation soulage. Elle réduit l'incertitude. Elle simplifie le paysage des possibles. Elle propose un chemin là où la multiplicité des options fatigue. Face à la complexité, la recommandation apparaît comme une main tendue. Elle promet de guider sans imposer. Ce confort n'est pas illusoire. Il répond à un besoin réel. Choisir engage. Choisir expose. Choisir demande du temps, de l'attention, une capacité à assumer ce qui pourrait être autrement. Dans un monde saturé de décisions, la recommandation allège la charge. Elle permet d'avancer sans s'arrêter trop longtemps.

Mais ce soulagement a une contrepartie. À mesure que la recommandation devient familière, elle commence à structurer le champ du pensable. Ce qui est recommandé devient visible. Ce qui ne l'est pas se retire progressivement. Le choix demeure formellement libre, mais il s'inscrit dans un cadre déjà orienté.

La recommandation ne dit pas seulement *quoi* faire. Elle dit aussi *ce qui vaut la peine d'être envisagé.*

Ce glissement est discret. Il ne se manifeste pas par une contrainte explicite, mais par une économie de l'attention. Ce qui est recommandé est immédiatement accessible. Ce qui ne l'est pas demande un effort supplémentaire. Peu à peu, l'effort devient dissuasif. Le confort guide le geste. Dans ce régime, le choix humain ne disparaît pas. Il se reconfigure. Il devient un acte de validation plus qu'un acte de discernement. On choisit parmi ce qui est proposé. On compare des options déjà filtrées. L'horizon s'est resserré sans être nommé.

Ce resserrement est souvent perçu comme une amélioration. Moins d'hésitation. Moins d'erreur. Plus de cohérence. La recommandation promet une forme de justesse statistique. Elle s'appuie sur des régularités, des préférences observées, des comportements passés. Elle rassure par sa constance.

Mais cette constance repose sur une moyenne. Elle privilégie ce qui est fréquent, ce qui a déjà eu lieu, ce qui est prévisible. Elle valorise la répétition. Ce qui sort de la norme devient moins visible. L'exception

se raréfie, non parce qu'elle n'existe plus, mais parce qu'elle n'est plus proposée.
Le confort de la recommandation tient précisément à cette prévisibilité. Il réduit la surprise. Il protège de l'inconnu. Il évite le risque de se tromper. Mais le vivant ne se déploie pas uniquement dans la sécurité. Il a besoin de marges, de détours, d'expérimentations qui ne sont pas immédiatement justifiables.
Lorsque la recommandation devient centrale, cette dimension se fragilise. Le choix se conforme. Il devient raisonnable. Il s'aligne sur ce qui est attendu. L'écart est possible, mais il demande une volonté explicite de sortir du cadre. Or la plupart du temps, le confort l'emporte.
Ce phénomène ne concerne pas seulement les décisions pratiques. Il affecte la manière de penser, de sentir, de se projeter. Ce qui est recommandé influence ce qui est imaginé comme désirable. Les préférences se stabilisent. Les trajectoires se ressemblent. La diversité se maintient en surface, mais elle se réduit en profondeur.
Dans la relation humaine, ce confort a des effets subtils. La recommandation peut prendre la place de l'écoute. Elle répond rapidement, efficacement, sans s'exposer. Elle propose une solution avant même que la situation ait été pleinement rencontrée. La relation est facilitée, mais elle perd en densité.
Ce glissement est souvent justifié par la bienveillance. Aider, c'est proposer. Guider, c'est recommander. Mais lorsque la recommandation devient automatique, elle court-circuite l'espace où la parole pourrait émerger. Elle ferme la question avant qu'elle ne soit habitée.
Dans ce contexte, le discernement s'amenuise. Discerner demande de rester avec la question. D'accepter de ne pas savoir immédiatement. De laisser les éléments se présenter sans être aussitôt hiérarchisés. La recommandation, en offrant une réponse prête à l'emploi, réduit cet espace.
Le confort est alors double. Confort pour celui qui reçoit, qui n'a plus à explorer. Confort pour celui qui propose, qui n'a plus à porter la responsabilité d'un engagement personnel. La recommandation se substitue à la parole engagée.
Cette substitution modifie la nature de la responsabilité. Lorsque la décision s'appuie sur une recommandation, il devient plus facile de s'en

détacher. *Ce n'est pas moi qui ai choisi, c'était ce qui était conseillé.* La responsabilité est partagée, diluée, parfois évacuée.
Ce mécanisme est d'autant plus puissant qu'il est perçu comme rationnel. La recommandation se présente comme le fruit d'un calcul, d'une analyse, d'une agrégation de données. Elle semble objective. Elle donne l'impression que le choix est déjà justifié.
Mais cette justification est partielle. Elle repose sur des critères prédéfinis, sur des hiérarchies implicites, sur des objectifs qui ne sont pas toujours interrogés. La recommandation n'est jamais neutre. Elle porte une vision du monde, même lorsqu'elle se présente comme purement fonctionnelle.
Reconnaître cela ne signifie pas rejeter toute recommandation. Il s'agit de discerner son effet. Soutient-elle le jugement, ou le remplace-t-elle ? Ouvre-t-elle des possibles, ou les referme-t-elle sous couvert de simplicité ?
Ce discernement engage une posture intérieure. Il demande de sentir quand le confort devient évitement. Quand la facilité remplace la présence. Quand le choix cesse d'être habité pour devenir une simple validation.
Dans cette posture, la parole retrouve une place essentielle. Non pour expliquer pourquoi la recommandation est pertinente, mais pour reprendre la décision à son compte. Dire : *je choisis cela*, et non simplement : *c'est ce qui était recommandé*. Cette parole redonne un visage à la décision.
Ce geste peut sembler minime. Il est pourtant décisif. Il réintroduit une responsabilité là où elle tend à se dissoudre. Il rappelle que le confort n'est pas un critère suffisant pour orienter ce qui engage le vivant.
Le confort de la recommandation devient problématique lorsqu'il s'installe comme une évidence indiscutable. Lorsqu'il n'est plus possible de dire non sans justification excessive. Lorsqu'il devient plus coûteux de s'en écarter que de s'y conformer.
À ce point, la recommandation n'est plus un soutien. Elle devient une norme douce. Elle oriente sans contraindre, mais elle oriente tout de même. Elle façonne les trajectoires en silence.
Rien n'est clos ici. Les recommandations continueront de se multiplier. Elles continueront d'offrir un soulagement réel dans un monde complexe. Mais ce qui peut rester ouvert, c'est la capacité à ne pas

confondre confort et justesse, et à reconnaître que le discernement commence souvent là où l'on accepte de quitter ce qui est recommandé pour écouter ce qui, en soi, demande à être tenu.
À mesure que la recommandation s'impose comme évidence, le geste de discerner se fait plus rare. La décision semble déjà prise ailleurs, présentée sous une forme lisse, optimisée, rassurante. Il n'y a plus à peser, à hésiter, à éprouver. Ce retrait progressif n'est pas brutal ; il s'opère par économie, par habitude, par confiance déléguée. Le discernement ne disparaît pas d'un coup : il s'amenuise, faute d'être exercé, jusqu'à devenir presque imperceptible dans l'expérience quotidienne.

✧3.4. Atrophie du discernement

Le discernement ne disparaît jamais d'un seul coup. Il s'amenuise. Il se retire progressivement, à mesure qu'il est moins sollicité. Comme toute faculté vivante, il a besoin d'être exercé pour rester opérant. Lorsqu'il est remplacé trop souvent, il ne s'éteint pas ; il s'atrophie.
Cette atrophie n'est pas immédiatement perceptible. Les décisions continuent d'être prises. Les actions se poursuivent. Les résultats sont obtenus. En surface, rien ne semble manquer. C'est précisément ce qui rend le phénomène difficile à identifier. Le discernement s'efface sans laisser de vide apparent.
Dans un environnement où les recommandations, les procédures et les systèmes orientent en amont les choix possibles, le jugement humain est de moins en moins requis. Il n'est pas supprimé ; il est relégué à une fonction de validation. On confirme ce qui est proposé. On ajuste à la marge. On entérine.
Ce déplacement modifie la posture intérieure. Discerner implique de s'exposer à l'incertitude, de supporter le temps de la question, d'accepter de ne pas savoir immédiatement. Lorsque ce temps est systématiquement raccourci, le discernement devient inconfortable. Il est vécu comme une lenteur inutile.
Peu à peu, l'habitude se perd. Le corps n'est plus sollicité dans sa capacité à sentir ce qui est juste. L'attention ne se pose plus assez longtemps pour percevoir les nuances. La décision s'appuie sur des signaux externes plutôt que sur une intégration intérieure.

Cette atrophie est renforcée par la répétition. Plus les décisions sont prises sur la base de cadres prédéfinis, plus il devient difficile d'en sortir. Le discernement humain, non exercé, perd en finesse. Il devient binaire. Il cherche des réponses claires, rapides, sans ambiguïté.
Or le réel résiste à cette simplification. Les situations humaines sont complexes, traversées de contradictions, d'éléments non mesurables. Discerner demande de tenir cette complexité sans la réduire. Lorsque cette capacité s'affaiblit, la tentation est grande de s'en remettre entièrement à ce qui tranche à notre place.
Ce glissement affecte la relation au risque. Discerner, c'est accepter le risque de se tromper. Lorsque le discernement est atrophié, le risque devient insupportable. On cherche des garanties. On s'abrite derrière des procédures. On évite l'engagement personnel.
Cet évitement est souvent justifié par la prudence. Mieux vaut suivre ce qui est établi que de prendre une décision singulière. Mais cette prudence peut devenir une forme de retrait. Elle protège contre l'erreur, mais elle protège aussi contre la responsabilité.
Dans ce contexte, la parole se transforme. Elle devient descriptive plutôt qu'engagée. On explique ce qui a été fait, pourquoi cela a été fait, selon quels critères. Mais on parle rarement depuis un *je* qui assume. La décision est présentée comme la conséquence logique d'un processus, non comme un acte porté.
Cette disparition progressive de la parole engagée est un signe d'atrophie du discernement. Lorsque le jugement est vivant, il cherche à se dire. Il accepte d'être nommé. Lorsqu'il s'atrophie, il se cache derrière des formulations impersonnelles.
Le corps ressent cette perte. Discerner implique une résonance corporelle. Un accord ou un désaccord qui se manifeste dans la sensation. Lorsque le discernement n'est plus exercé, cette résonance s'affaiblit. Le corps devient moins fiable comme repère. Il est contourné.
Ce contournement peut être vécu comme un progrès. Les émotions sont perçues comme des perturbations. Les sensations comme des biais. Le discernement est confondu avec le calcul. Mais cette confusion appauvrit la décision. Elle la coupe de ce qui fait sa justesse relationnelle.L'atrophie du discernement affecte aussi la capacité à reconnaître l'injustice. Lorsque les décisions sont prises par des

systèmes, il devient plus difficile de nommer ce qui ne va pas. Le résultat est là. Il est conforme aux règles. Contester demande un effort considérable. Il faut s'opposer à une logique entière.
Ce découragement renforce le retrait. On accepte. On s'adapte. On se conforme. Le discernement, non sollicité, se replie. Il devient silencieux. Ce silence est souvent interprété comme un accord. En réalité, il est parfois le signe d'une fatigue.
Cette fatigue n'est pas seulement individuelle. Elle est collective. Lorsque le discernement n'est plus exercé collectivement, les sociétés perdent leur capacité à se corriger. Elles deviennent rigides. Elles répètent des choix qui ne sont plus ajustés, simplement parce qu'ils sont établis.
Reconnaître l'atrophie du discernement ne revient pas à accuser les individus. Il s'agit de voir comment un environnement peut rendre le discernement coûteux, inconfortable, presque inutile. Dans un tel contexte, il est rationnel de s'en retirer.
Mais ce retrait a des conséquences. Sans discernement vivant, les décisions deviennent mécaniques. Elles peuvent être cohérentes, efficaces, optimisées, tout en étant profondément désaccordées du réel humain. Elles fonctionnent, mais elles blessent.
Réintroduire le discernement ne signifie pas revenir à une décision purement subjective. Il s'agit de redonner une place à l'intégration. De permettre au jugement humain de se déployer à nouveau, soutenu par les outils, mais non remplacé par eux.
Ce geste demande du courage. Discerner, c'est accepter d'être visible dans sa décision. C'est accepter de répondre. C'est accepter que la justesse ne soit pas toujours immédiatement démontrable. Ce courage est fragilisé lorsque le discernement a été longtemps délégué.
Pourtant, le discernement n'est jamais définitivement perdu. Il peut se réveiller. Il se manifeste souvent d'abord comme un malaise. Une sensation diffuse que quelque chose ne va pas, sans pouvoir encore le formuler. Ce malaise est un signe. Il indique que le discernement cherche à reprendre place.
Accueillir ce signe demande de ralentir. De laisser le malaise se dire. De ne pas le recouvrir trop vite par une justification ou une recommandation supplémentaire. C'est dans cet espace que le discernement peut à nouveau se déployer.

Rien n'est clos ici. L'atrophie du discernement n'est pas une fatalité. Elle est un effet réversible d'un certain régime de décision. Mais cette réversibilité suppose une attention soutenue. Une volonté de reprendre la parole là où elle s'est retirée. Une capacité à accepter l'inconfort de décider à nouveau depuis un lieu vivant, exposé, et responsable.
Lorsque le discernement s'affaiblit, la responsabilité ne disparaît pas, mais elle se déplace. Les décisions continuent d'être prises, les effets se produisent, pourtant le lieu du choix devient difficile à situer. Chacun agit dans un cadre déjà orienté, selon des recommandations présentées comme raisonnables, efficaces, partagées. La responsabilité se fragmente alors, se dissout entre interfaces, procédures et systèmes. Dans cet espace diffus, les zones grises s'élargissent : ce n'est plus qu'aucun choix n'est fait, mais qu'il devient difficile de dire par qui, et au nom de quoi.

✧3.5. Responsabilité diluée et zones grises

La responsabilité ne disparaît jamais complètement. Elle se déplace. Elle se fragmente. Elle se répartit jusqu'à devenir difficile à localiser. Dans ce mouvement, elle ne s'éteint pas ; elle se dissout dans des zones grises où plus personne ne se reconnaît pleinement comme porteur de la décision.
Ces zones grises apparaissent lorsque les décisions sont produites par des enchaînements de médiations. Chacun intervient à un moment précis, sur une partie du processus, avec une marge d'action limitée. Personne ne décide seul. Personne ne se sent entièrement responsable. La décision finale semble émerger d'un ensemble, sans sujet identifiable.Ce mode de fonctionnement est souvent présenté comme une garantie. La responsabilité partagée protège contre l'arbitraire individuel. Elle sécurise. Elle répartit les risques. Elle donne l'impression d'une justice procédurale. Mais cette répartition a un effet secondaire : elle rend la responsabilité impalpable.
Dans ces configurations, chacun peut dire vrai tout en évitant d'assumer. *J'ai suivi la procédure. J'ai appliqué les critères. J'ai validé ce qui m'a été transmis.* Chacune de ces phrases est exacte. Aucune n'est fausse. Pourtant, quelque chose manque. La responsabilité n'est plus

portée ; elle est décrite.Ce glissement modifie la nature même de la responsabilité. Elle cesse d'être une relation entre un sujet et les conséquences de son acte. Elle devient une propriété abstraite du système. Le système est responsable. Mais le système ne ressent pas. Il ne répond pas. Il ne peut pas être affecté.
Cette absence de porteur crée un malaise diffus. Lorsqu'une décision blesse, lorsqu'elle produit une injustice, il n'y a pas de lieu où adresser la parole. On peut contester la règle, interroger le processus, déposer un recours. Mais la relation directe, celle qui permet de dire *cela m'a fait*, est souvent absente.
Les zones grises se nourrissent de cette distance. Elles s'étendent là où la responsabilité est suffisamment fragmentée pour qu'aucun acteur ne se sente autorisé — ou obligé — à répondre autrement que par des explications. Le langage devient technique. Les termes sont précis. Mais la parole engagée manque.
Cette transformation affecte la perception de la faute. Lorsqu'il n'y a pas de responsable clairement identifié, la faute devient systémique. Elle est réelle, mais elle n'a pas de visage. Elle est partout et nulle part. Cette situation est difficile à supporter pour ceux qui en subissent les effets. Dans ces contextes, la contestation se heurte à une logique circulaire. Chaque acteur renvoie à un autre. Chaque niveau invoque une contrainte supérieure. La responsabilité remonte, puis se perd. La zone grise agit comme un amortisseur symbolique. Elle absorbe la conflictualité. Cette absorption peut donner l'impression d'une grande stabilité. Les décisions sont appliquées. Les conflits sont contenus. Le système tient. Mais cette tenue repose sur un renoncement silencieux : celui de la reconnaissance de l'impact réel des décisions sur les vies humaines. Les zones grises ne sont pas toujours intentionnelles. Elles émergent souvent d'une volonté de bien faire, de sécuriser, d'objectiver. Mais à force de vouloir éliminer le risque subjectif, on élimine aussi la possibilité d'une réponse incarnée. La responsabilité devient une abstraction. Ce déplacement a des effets profonds sur la manière dont les individus se situent. Lorsqu'on évolue longtemps dans des zones grises, on apprend à se protéger. On fait son travail. On respecte le cadre. On évite de s'impliquer au-delà de ce qui est requis. Ce retrait est souvent présenté comme du professionnalisme.

Mais ce professionnalisme peut devenir un écran. Il protège contre l'erreur, mais aussi contre l'affectation. Il permet de continuer sans être touché. Cette distance est fonctionnelle. Elle permet de tenir dans des environnements complexes. Mais elle a un coût relationnel.

La dilution de la responsabilité modifie également la manière dont les valeurs sont incarnées. Les valeurs sont affichées, écrites, intégrées dans des chartes. Elles sont présentes dans les discours. Mais lorsqu'aucun sujet ne les porte dans l'acte, elles perdent leur force. Elles deviennent décoratives.

Dans les zones grises, l'éthique est souvent invoquée après coup. Elle sert à expliquer pourquoi une décision était conforme aux principes. Mais elle n'a pas toujours orienté le choix au moment où il a été fait. L'éthique devient un commentaire, non un guide vivant.

Cette situation crée une tension intérieure chez ceux qui perçoivent le décalage. Ils sentent que quelque chose ne va pas, sans pouvoir le situer précisément. La décision est légale. Elle est conforme. Elle est justifiable. Et pourtant, elle laisse un malaise. Ce malaise est le signe d'une responsabilité qui n'a pas trouvé de lieu.

Lorsque ce malaise n'est pas entendu, il se transforme. Il peut devenir du cynisme, de la résignation, ou un retrait affectif. On cesse d'attendre une reconnaissance. On se conforme. On s'adapte. Les zones grises s'élargissent.

Ce processus affecte la confiance. La confiance ne repose pas seulement sur la cohérence des règles, mais sur la capacité de ceux qui décident à répondre de ce qu'ils font. Lorsque cette capacité disparaît derrière des médiations multiples, la confiance se fragilise.

Les zones grises sont particulièrement sensibles dans les décisions qui touchent à l'humain : orientation, évaluation, exclusion, allocation de ressources. Là où la décision a un impact direct sur une trajectoire de vie, l'absence de porteur est douloureuse. Elle donne le sentiment d'être traité par un mécanisme, non rencontré comme un sujet.

Ce sentiment n'est pas une projection. Il correspond à une réalité structurelle. La décision a été produite par un enchaînement de règles et de calculs. L'humain qui l'applique n'en est pas l'auteur. Il en est l'agent. Cette distinction est essentielle.

Reconnaître l'existence des zones grises ne revient pas à accuser les individus qui y opèrent. Il s'agit de comprendre comment un système

peut rendre la responsabilité à la fois omniprésente et introuvable. Comment il peut produire des décisions sans offrir de lieu pour en répondre.
Cette compréhension ouvre un déplacement intérieur. Elle permet de sortir d'une logique de culpabilisation individuelle pour interroger les conditions qui rendent la responsabilité difficile à assumer. Elle invite à repenser les médiations, non pour les supprimer, mais pour y réintroduire des lieux de réponse.
Réintroduire la responsabilité ne signifie pas désigner un coupable à chaque décision. Cela signifie créer des espaces où la décision peut être portée, expliquée, ajustée. Des espaces où quelqu'un peut dire : *j'ai participé à cette décision, et je peux en répondre*.
Ce geste est exigeant. Il va à l'encontre d'une culture de la protection par la dilution. Il demande de s'exposer. De reconnaître que toute décision comporte une part d'incertitude et de risque. Mais il est nécessaire pour que la responsabilité retrouve une dimension vivante.
Les zones grises ne disparaîtront pas totalement. Elles sont inhérentes à la complexité des systèmes contemporains. Mais elles peuvent être rendues visibles. Et cette visibilité change tout. Ce qui est visible peut être interrogé. Ce qui est nommé peut être travaillé.
Rendre visibles les zones grises, c'est accepter de regarder là où la responsabilité s'est retirée. Ce n'est pas un acte accusateur. C'est un acte de lucidité. Il permet de redonner une place à la parole, non comme justification, mais comme réponse.
Rien n'est clos ici. La responsabilité continuera d'être mise à l'épreuve par des systèmes de plus en plus complexes. Mais ce qui peut rester ouvert, c'est la possibilité de ne pas se satisfaire de zones grises confortables, et de chercher, chaque fois que c'est possible, un lieu où la décision retrouve un visage, une parole, et une capacité à répondre du réel qu'elle engage.

Dans les zones grises, l'action continue sans véritable porteur. Les effets s'accumulent, mais l'origine des décisions reste diffuse, comme dissoute dans la chaîne des médiations. Cette dilution ne relève pas d'un refus conscient, mais d'un glissement progressif hors de l'acte de juger. Reprendre le jugement ne consiste alors pas à revenir en arrière ni à rejeter les outils, mais à réhabiter le lieu du choix. C'est accepter de se réengager dans l'évaluation, d'en assumer l'incertitude, et de redonner à la décision une présence humaine explicite.

✧3.6. Reprendre le jugement

Reprendre le jugement ne signifie pas revenir en arrière. Il ne s'agit ni de nier les médiations, ni de rejeter les outils, ni de restaurer une autorité solitaire. Reprendre le jugement, c'est réoccuper une place qui s'est vidée. Une place qui n'a jamais cessé d'exister, mais dont l'exercice est devenu rare, inconfortable, parfois risqué.

Le jugement humain n'est pas un automatisme. Il n'est pas une application mécanique de règles. Il est une capacité à tenir ensemble des éléments hétérogènes : des faits, des valeurs, des contextes, des effets possibles. Il engage le corps, l'attention, la parole. Il suppose une présence. Lorsque le jugement est délégué trop loin, cette présence se retire. Non parce qu'elle serait inutile, mais parce qu'elle devient coûteuse. Décider depuis un lieu vivant demande du temps, de l'exposition, une acceptation de l'incertitude. Les systèmes, eux, promettent la continuité et la sécurité. Ils offrent une réponse là où le jugement hésite.

Reprendre le jugement commence souvent par un malaise. Une sensation que quelque chose ne colle pas, même lorsque tout est conforme. Une décision peut être correcte selon les critères, et pourtant laisser une gêne. Ce malaise n'est pas un défaut de rationalité. Il est le signe que le jugement cherche à se réengager.

Ce réengagement ne se fait pas par un geste spectaculaire. Il commence par une attention renouvelée. Prêter attention à ce qui est affecté par la décision. À ce qui est simplifié. À ce qui disparaît du champ lorsqu'un choix est automatisé. Reprendre le jugement, c'est accepter de regarder ce qui ne rentre pas dans les cases.

Cette attention demande du ralentissement. Non pas un arrêt, mais une suspension. Un moment où la décision n'est pas encore prise. Un espace où les éléments peuvent se présenter sans être immédiatement hiérarchisés. Cet espace est fragile. Il est souvent perçu comme une perte de temps. Mais c'est là que le jugement se forme.

Dans cet espace, le corps joue un rôle essentiel. Le jugement n'est pas purement intellectuel. Il s'accompagne de sensations, de tensions, d'accords et de désaccords subtils. Écouter ces signaux ne signifie pas se laisser gouverner par l'émotion. Cela signifie reconnaître que le corps participe à l'intégration.

Lorsque le jugement est repris, la décision cesse d'être évidente. Elle redevient située. Elle porte la marque d'un contexte, d'un moment, d'une relation. Cette singularité peut inquiéter. Elle expose à la critique. Elle ne se protège pas derrière une règle générale.

C'est pourquoi reprendre le jugement demande du courage. Le courage d'assumer une décision qui n'est pas entièrement justifiable par des critères extérieurs. Le courage de dire : *j'ai choisi cela*, et non seulement : *c'est ce qui était indiqué*. Cette parole n'est pas arrogante. Elle est responsable. La parole est centrale dans ce mouvement. Reprendre le jugement, c'est reprendre la parole qui l'accompagne. Non pour expliquer après coup, mais pour porter le choix au moment où il est fait. Cette parole engage. Elle accepte d'être questionnée. Elle accepte de répondre. Dans les environnements fortement médiatisés, cette parole est rare. Elle a été remplacée par des formulations impersonnelles, des références à des processus, des indicateurs. Ces formulations protègent. Elles permettent d'éviter l'exposition. Mais elles éloignent du lien.

Reprendre le jugement, c'est accepter de redevenir visible dans la décision. Cette visibilité n'est pas une prise de pouvoir. Elle est une prise de responsabilité. Elle reconnaît que toute décision a des effets, et que ces effets touchent des personnes réelles.

Ce mouvement ne se fait pas seul. Le jugement humain n'est pas une affaire individuelle isolée. Il se nourrit de dialogue, de confrontation, d'écoute. Reprendre le jugement implique de recréer des espaces où les décisions peuvent être discutées avant d'être figées. Des espaces où le désaccord est possible sans être disqualifié.

Ces espaces sont fragiles. Ils demandent une culture de la parole qui accepte l'incertitude. Ils vont à l'encontre d'une logique d'optimisation qui cherche à réduire le temps de délibération. Mais sans eux, le jugement se retire à nouveau.

Reprendre le jugement suppose aussi de reconnaître ses limites. Juger n'est pas être infaillible. C'est accepter la possibilité de l'erreur. Les systèmes promettent une réduction de l'erreur statistique. Le jugement humain, lui, accepte l'erreur comme un risque inhérent à la décision située. Cette acceptation n'est pas une faiblesse. Elle est une condition de l'apprentissage. Une décision assumée peut être revisitée. Une décision produite par un système est plus difficile à interroger, car elle se présente comme le résultat d'une logique impersonnelle.

Dans ce contexte, reprendre le jugement, c'est aussi accepter de reprendre la responsabilité de corriger. De reconnaître qu'un choix n'était pas juste, et de l'ajuster. Cette possibilité est essentielle au vivant. Elle permet la transformation. Le jugement repris modifie la relation à l'autorité. L'autorité ne vient plus seulement du cadre ou du statut. Elle vient de la capacité à répondre. Celui qui juge et qui répond inspire une confiance différente. Non parce qu'il a raison, mais parce qu'il est présent.

Cette présence a un effet sur les relations. Elle réintroduit une densité. L'autre n'est plus confronté à une décision abstraite, mais à un interlocuteur. Même lorsque la décision est difficile, cette présence change l'expérience. Elle permet le dialogue, même conflictuel.

Reprendre le jugement n'est pas un geste ponctuel. C'est une pratique. Elle se cultive. Elle demande une vigilance constante, car la tentation de se reposer sur les systèmes est forte. Le confort de la délégation est toujours disponible. Il suffit de s'y laisser glisser.

Toutefois, chaque fois que le jugement est repris, même modestement, quelque chose se réouvre. Un espace de sens. Une possibilité de relation. Une continuité entre l'acte et celui qui l'accomplit.

Ce geste n'abolit pas les zones grises. Il les éclaire. Il ne supprime pas la complexité. Il l'habite. Il ne garantit pas la justesse parfaite. Il garantit une présence. Reprendre le jugement, c'est accepter de tenir cette présence dans un monde qui incite au retrait. C'est accepter d'être affecté par ce que l'on décide. C'est reconnaître que la décision n'est pas seulement un résultat, mais un engagement.

Rien n'est clos ici. Le jugement devra être repris encore et encore, à mesure que les dispositifs évoluent et que les médiations se multiplient. Mais ce qui peut rester ouvert, c'est la possibilité de ne pas renoncer à cette capacité humaine fondamentale : celle de décider en présence, en lien, et en responsabilité, même lorsque le confort de la délégation semble plus simple.

La délégation du jugement ne commence pas par une abdication volontaire. Elle s'installe progressivement, par confort, par efficacité, par soulagement. Confier l'évaluation, la recommandation, l'arbitrage

à des systèmes apparaît d'abord comme une aide. Le geste est pragmatique. Il répond à une surcharge réelle.
Mais à mesure que cette délégation se répète, quelque chose se transforme. Le jugement humain ne disparaît pas brutalement ; il se met en retrait. Il devient intermittent. Il n'est plus systématiquement mobilisé. L'outil, peu à peu, cesse de soutenir la décision et commence à l'orienter. C'est dans ce glissement que la dépendance cognitive s'installe. Lorsque les scores, les classements, les recommandations deviennent des repères implicites, le discernement se règle sur eux. On consulte avant de sentir. On vérifie avant d'assumer. La décision est prise, mais elle n'est plus pleinement habitée.
La responsabilité, alors, se dilue. Non parce que l'humain ne décide plus, mais parce qu'il décide dans un cadre qu'il n'interroge plus. Le système est invoqué comme garant. Il rassure. Il protège de l'erreur. Mais il protège aussi de l'exposition liée au choix assumé.
Cette dilution n'est pas neutre. Elle modifie le rapport à l'erreur, à l'incertitude, au risque. Le jugement humain se construit précisément dans ces zones. Lorsqu'elles sont évitées, le jugement s'atrophie. Il devient dépendant de cadres extérieurs pour se déployer.
La dépendance cognitive n'est pas une faiblesse individuelle. Elle est le produit d'environnements conçus pour orienter sans demander d'engagement explicite. Plus les systèmes deviennent performants, plus ils rendent cette orientation invisible. Le choix semble aller de soi.
Cette spirale a montré que le problème n'est pas l'usage des outils, mais la perte de conscience de ce qu'ils font au jugement. Lorsque l'outil devient arbitre, la décision se déplace hors du champ de la responsabilité vécue. L'humain continue d'agir, mais sans toujours se reconnaître comme auteur de ce qu'il fait.
Rien n'est clos ici. La délégation continuera, portée par la complexité croissante des situations et par la promesse d'un allègement cognitif. Mais ce qui peut rester ouvert, c'est la capacité à repérer le moment où l'aide devient substitution, où le soutien devient dépendance.
Reprendre le jugement ne signifie pas tout faire seul, ni refuser les outils. Cela signifie maintenir un espace où la décision peut être reprise, questionnée, assumée. Un espace où l'humain accepte à nouveau d'être exposé à ce qu'il choisit.

La responsabilité ne se décrète pas. Elle se pratique. Elle se tient dans la relation entre ce qui est proposé par les systèmes et ce qui est effectivement décidé. Là où cette relation est maintenue vivante, la technique reste un appui. Là où elle se rompt, la décision se vide de sa substance. Cette spirale laisse ouverte une question simple et exigeante : à quel moment cessons-nous de juger par nous-mêmes, non par incapacité, mais par habitude ? Reconnaître ce moment est peut-être déjà une manière de reprendre place, avant que la délégation ne devienne irréversible.

Regarder la machine comme un miroir ne suffit pas, car ce qu'elle reflète, une fois amplifié, commence à orienter. Les valeurs projetées ne restent pas à distance. Elles se transforment en repères, en scores, en recommandations. Ce qui n'était qu'un choix implicite devient une direction explicite. À mesure que les systèmes gagnent en précision, la tentation grandit de s'y appuyer. Non par soumission, mais par soulagement. L'incertitude fatigue. Le doute ralentit. La machine propose de trancher sans exposer. Alors le miroir cesse d'être simplement regardé. Il est consulté, puis suivi. Ce qui avait été projeté revient sous forme de guidance, et peu à peu, sans rupture visible, le jugement commence à se déplacer.

Fragmentation de l'attention

La fragmentation de l'attention survient lorsque le numérique nous pousse à basculer sans cesse, jusqu'à perdre le fil pour simplement tenir dans la saturation.

SPIRALE IV
— Coopération humain—*machine* —
orientée vers le bien commun —

★SPIRALE IV — Coopération humain–machine orientée vers le bien commun

Une relation ajustée, gouvernée par le discernement humain et non par l'optimisation aveugle.

Après avoir traversé la vitesse, le miroir et la délégation, une question demeure ouverte : que faire, maintenant, de ce que nous avons reconnu ? Il ne s'agit plus seulement de diagnostiquer, ni de dénoncer. Il s'agit de tenir une relation. Non pas une relation idéale, mais une relation ajustée, consciente de ses tensions et de ses limites.

La coopération entre humains et machines est déjà une réalité. Elle structure les organisations, les systèmes de santé, les flux économiques, les politiques publiques, la production de savoir. La question n'est donc pas de savoir s'il faut coopérer, mais comment. À quelles conditions. Sous quelle autorité humaine. Et en vue de quoi.

Dans les discours contemporains, la coopération est souvent pensée sous l'angle de la complémentarité fonctionnelle. L'humain apporterait la créativité, l'intuition, l'empathie ; la machine, la puissance de calcul, la rapidité, la constance. Cette répartition, séduisante en apparence, masque pourtant un enjeu plus profond. Elle suppose que la finalité est déjà donnée, et que seule l'efficacité du moyen reste à optimiser.

Or une coopération véritable ne se réduit pas à une distribution des tâches. Elle implique une orientation. Elle suppose qu'un sens précède l'efficacité, et que le bien commun ne soit pas une conséquence secondaire, mais une référence première.

Le bien commun, dans ce contexte, ne désigne pas une abstraction consensuelle. Il renvoie à ce qui permet au vivant — humain et non humain — de demeurer habitable. Il inclut la dignité, la capacité de relation, la possibilité de répondre de ses actes. Il ne se laisse pas réduire à des indicateurs de performance, même sophistiqués.

Pourtant, dans de nombreux contextes actuels, l'optimisation tend à prendre le pas sur le discernement. Les systèmes sont conçus pour maximiser un objectif donné : rendement, sécurité, prédiction, fluidité. Lorsque cet objectif n'est pas régulièrement interrogé, il devient normatif. La coopération se transforme alors en alignement silencieux sur ce qui est mesuré.

Ce glissement est visible dans les débats contemporains autour de l'automatisation de la décision publique, de la gestion algorithmique des ressources ou de l'usage de l'IA dans les domaines sensibles. L'argument de l'efficacité est souvent avancé pour justifier des choix qui engagent profondément le vivant. Or l'efficacité, en elle-même, ne dit rien de la justesse.

Une coopération ajustée suppose donc une autre posture. Elle commence par la reconnaissance d'une limite : la machine ne peut pas porter le sens. Elle peut soutenir, éclairer, simuler, anticiper. Elle ne peut pas décider de ce qui compte. Cette décision relève d'un jugement humain, situé, responsable, capable de répondre de ce qu'il engage.

Tenir cette distinction ne va pas de soi. Elle demande un effort de présence, surtout dans un monde accéléré. Elle demande aussi de résister à une tentation contemporaine : celle de confondre neutralité technique et justice, optimisation et soin, automatisation et équité.

Une coopération orientée vers le bien commun ne cherche pas à éliminer l'incertitude. Elle accepte qu'une part de la décision reste irréductible au calcul. Elle reconnaît que le vivant ne se laisse pas entièrement formaliser sans être appauvri. Cette reconnaissance n'est pas un frein ; elle est une condition de maturité.

Dans cette perspective, le discernement humain ne s'oppose pas à la machine. Il lui donne un cadre. Il nomme ce qui peut être confié, et ce qui doit rester porté. Il accepte l'aide sans se déposséder. Il s'appuie sur la puissance technique sans s'y soumettre.

Ce discernement engage aussi la parole. Une coopération ajustée suppose que les choix soient dits, expliqués, assumés. La parole humaine ne peut pas se réfugier derrière des systèmes, même performants. Elle doit rester capable de dire pourquoi une orientation a été prise, et d'en répondre.

Cette exigence de parole est une exigence de relation. Elle réintroduit une dimension souvent absente des discours technologiques : l'amour, non comme sentiment, mais comme manière de tenir ce qui vit. Aimer, dans ce contexte, ne consiste pas à tout sécuriser ni à tout optimiser. Aimer consiste à orienter sans écraser, à soutenir sans absorber, à coopérer sans dominer.

Lorsque l'amour est ainsi compris, il cesse d'être opposé à la technique. Il devient un principe d'ajustement. Il rappelle que toute puissance appelle une responsabilité proportionnée, et que toute délégation doit rester habitée.

Cette spirale n'offre pas de modèle clé en main. Elle ne propose pas une gouvernance idéale, ni une architecture universelle. Elle ouvre un espace de discernement, là où la tentation serait grande de chercher des solutions définitives. Elle invite à une vigilance continue, plutôt qu'à une certitude.

La coopération humain–machine orientée vers le bien commun n'est pas un état à atteindre. C'est une tenue à maintenir. Elle se rejoue à chaque usage, à chaque décision, à chaque choix de conception. Elle demande de revenir sans cesse à cette question simple et exigeante : *qui tient le sens ?*

En refermant cette traversée, rien n'est clos. Les spirales ne se referment pas ; elles laissent une trace. Ce qui était d'abord une question de vitesse est devenu une question de relation. Ce qui semblait relever de la technique s'est révélé être une question de responsabilité. Et ce qui pouvait apparaître comme un problème extérieur s'est déplacé vers une exigence intérieure.

Tenir la relation, orienter la coopération, ne demande pas de certitude supplémentaire. Cela demande une présence suffisante pour ne pas céder à l'optimisation aveugle. Une présence capable de discerner, de nommer, et de répondre. C'est à ce seuil que le livre s'arrête. Non pour conclure, mais pour laisser le vivant poursuivre.

✦Chapitre IV — Tenir la relation, orienter la coopération

La question n'est plus de savoir s'il faut coopérer avec les machines. Cette question est déjà dépassée. La coopération est là, installée dans les gestes quotidiens, les décisions, les organisations, les relations. Elle structure le travail, l'accès à l'information, la manière de trier, d'orienter, d'évaluer. La vraie question est ailleurs. Elle concerne la forme de cette coopération, ses conditions, et surtout l'autorité sous laquelle elle s'exerce.

Coopérer n'est jamais un geste neutre. Toute coopération engage une répartition des rôles, une distribution du pouvoir, une hiérarchie implicite entre ce qui décide et ce qui exécute. Lorsqu'elle n'est pas interrogée, la coopération glisse vers une dépendance. Lorsqu'elle est pensée uniquement en termes d'efficacité, elle oublie ce qu'elle transforme dans le rapport humain au monde.
La machine, dans cette coopération, n'est pas un simple outil extérieur. Elle devient un médiateur. Elle intervient dans l'orientation des choix, dans la hiérarchisation des priorités, dans la manière dont certaines options apparaissent comme évidentes et d'autres comme improbables. Elle ne décide pas seule, mais elle influence. Et cette influence est d'autant plus forte qu'elle est discrète.
Tenir la relation avec la machine suppose de reconnaître cette influence sans la diaboliser. Il ne s'agit ni de rejeter la technique, ni de lui accorder une confiance aveugle. Il s'agit de rester présent à ce qui se joue dans l'interaction. De ne pas se retirer sous prétexte que l'outil est performant. De ne pas confondre coopération et abdication.
La coopération ajustée commence là où l'humain ne se démet pas de son autorité. Non pas une autorité de domination, mais une autorité de discernement. Une capacité à dire ce qui doit rester humainement porté, même lorsque la machine peut techniquement le prendre en charge. Cette autorité ne s'impose pas ; elle se tient.
Tenir la relation, c'est refuser que l'optimisation devienne le seul critère d'orientation. L'optimisation vise la performance mesurable, la rapidité, la réduction des coûts ou des écarts. Elle est utile. Mais elle n'est pas suffisante. Le sens, lui, ne se laisse pas optimiser. Il demande une attention aux effets, aux contextes, aux conséquences à long terme.
Dans une coopération orientée vers le bien commun, la question du *pourquoi* précède celle du *comment*. Pourquoi cette automatisation ? Pourquoi cette délégation ? Pourquoi cette accélération ? Ces questions ne sont pas techniques. Elles sont politiques et éthiques, au sens le plus simple : elles concernent la manière de vivre ensemble.
Le bien commun n'est pas la somme des intérêts individuels optimisés. Il est ce qui permet à chacun de trouver une place sans être écrasé par la logique du rendement. Il suppose une attention aux plus vulnérables, aux effets indirects, aux silences produits par les systèmes. Orienter la

coopération vers le bien commun demande de regarder au-delà de l'efficacité immédiate.
Dans cette perspective, la machine doit rester un outil, non un arbitre. Un outil peut soutenir, éclairer, proposer. Un arbitre tranche, hiérarchise, exclut. Lorsque la machine devient arbitre, même indirectement, l'humain se retrouve face à des décisions sans interlocuteur. La relation se rompt.
Tenir la relation, c'est maintenir un espace où la décision peut être reprise, discutée, ajustée. Un espace où quelqu'un peut répondre. Cette réponse n'est pas toujours une justification rationnelle. Elle peut être une reconnaissance des limites, une acceptation de l'incertitude, une prise en compte de ce qui ne se calcule pas.
La coopération ajustée ne cherche pas à supprimer le risque. Elle cherche à le porter collectivement. Elle reconnaît que certaines décisions engagent le vivant de manière irréversible et qu'elles ne peuvent être laissées à des processus automatiques, même sophistiqués. Elle accepte que le jugement humain reste exposé.
Cette exposition est souvent perçue comme une faiblesse dans un monde qui valorise la maîtrise. Pourtant, c'est elle qui permet la confiance. La confiance naît de la présence, pas de la perfection. Elle naît du fait que quelqu'un accepte d'être affecté par ce qu'il décide.
Orienter la coopération vers le bien commun suppose aussi de reconnaître les asymétries. Toutes les machines ne sont pas équivalentes. Tous les usages ne se valent pas. Certaines coopérations renforcent l'autonomie humaine ; d'autres la réduisent. Cette différence ne se mesure pas uniquement en termes de gains de temps ou de productivité.
Elle se mesure dans la capacité des humains à continuer de penser, de sentir, de juger. Une coopération qui affaiblit ces capacités, même si elle est efficace, est une coopération désaccordée du vivant. À l'inverse, une coopération qui soutient la compréhension, la responsabilité et la relation peut être bénéfique, même si elle est moins performante.
Cette spirale s'ouvre donc sur une exigence : ne pas laisser la coopération se définir seule. Ne pas accepter comme allant de soi ce qui est simplement possible techniquement. Revenir sans cesse à la question de l'orientation. Vers quoi coopérons-nous ? Pour qui ? À quel prix ?

Tenir la relation avec la machine, c'est accepter une vigilance continue. Il n'y a pas de modèle définitif. Les dispositifs évoluent. Les usages se déplacent. Les équilibres se reconfigurent. La coopération doit être sans cesse réinterrogée à partir du vivant qu'elle affecte.
Cette vigilance n'est pas une méfiance permanente. Elle est une attention. Une manière de rester présent dans l'usage, de ne pas se retirer derrière la complexité technique. Elle demande du temps, de la parole, des espaces de délibération. Elle va à l'encontre de la précipitation.
Ce dernier mouvement ne clôt rien. Il ouvre une responsabilité partagée. Coopérer avec la machine n'est pas une fatalité à subir, ni un progrès à célébrer aveuglément. C'est une relation à tenir, à orienter, à ajuster. Une relation qui engage une certaine idée de l'humain, et de ce que signifie vivre ensemble dans un monde traversé par des dispositifs puissants.
Rien n'est clos ici. La coopération humain–machine continuera de se transformer. Mais ce qui peut rester ouvert, c'est la possibilité de ne pas renoncer à l'autorité humaine sur le sens, et de maintenir, au cœur même de la technique, une orientation claire : celle du bien commun et du respect du Vivant.

✧4.1. Coopérer n'est plus un choix

Il fut un temps où la coopération avec la machine pouvait encore être pensée comme une option. On pouvait choisir d'adopter ou non un outil, d'intégrer ou non un dispositif, de déléguer ou non une fonction. Ce temps est révolu. La coopération n'est plus une décision ponctuelle ; elle est devenue un milieu. Elle structure l'environnement avant même que le choix ne se formule.
La machine n'est plus extérieure à l'action humaine. Elle est intégrée aux gestes les plus ordinaires, aux processus de décision, aux formes de coordination. Elle intervient dans l'accès à l'information, dans l'organisation du travail, dans l'orientation des trajectoires. Coopérer n'est plus un acte explicite ; c'est une condition de fonctionnement.
Ce glissement change profondément la nature de la question éthique. Lorsqu'un choix est possible, il peut être refusé. Lorsqu'il devient une condition, le refus prend une autre forme. Il devient marginalisation,

exclusion, décrochage. Ne pas coopérer, aujourd'hui, signifie souvent ne plus pouvoir participer pleinement.
Cette situation n'est pas le fruit d'un complot ou d'une volonté malveillante. Elle résulte d'une accumulation de décisions techniques, organisationnelles, économiques, prises au fil du temps. Chacune semblait raisonnable. Ensemble, elles ont produit un monde où la coopération avec la machine est implicite.
Dans ce monde, l'humain n'entre pas en relation avec la machine comme avec un partenaire choisi. Il y entre parce que l'environnement est déjà configuré ainsi. La coopération précède la réflexion. Elle est installée avant d'être interrogée.
Cette antériorité est décisive. Elle rend la coopération invisible. Ce qui est invisible n'est pas discuté. Ce qui n'est pas discuté devient évident. Et ce qui devient évident échappe à la responsabilité explicite.
Dire que coopérer n'est plus un choix ne signifie pas que toute marge de manœuvre a disparu. Cela signifie que la question ne porte plus sur l'acceptation ou le refus global, mais sur la manière dont la coopération est tenue, orientée, régulée. La liberté ne se situe plus dans l'entrée ou la sortie, mais dans la qualité de la relation.
Cette qualité est rarement neutre. La machine introduit des logiques propres : vitesse, calcul, optimisation, standardisation. Ces logiques peuvent soutenir l'action humaine, mais elles peuvent aussi la déformer. Lorsqu'elles ne sont pas interrogées, elles deviennent normatives. Elles définissent ce qui est attendu, ce qui est acceptable, ce qui est performant.
Dans ce contexte, l'humain s'adapte. Il ajuste ses gestes, son attention, sa manière de décider. Cette adaptation est souvent inconsciente. Elle se fait par petites touches, sans rupture visible. Le rythme change. Les critères se déplacent. Les seuils se redéfinissent.
La coopération devient alors asymétrique. La machine n'a pas à s'adapter au rythme humain ; c'est l'humain qui ajuste son rythme à celui du système. Ce déséquilibre n'est pas toujours perçu comme tel, car il est compensé par des gains réels : rapidité, fluidité, capacité de traitement.
Mais ces gains ont un envers. Ils modifient la manière dont l'humain se rapporte à son propre jugement. Plus la machine intervient en amont,

plus le champ des possibles est préconfiguré. Le choix subsiste, mais il s'exerce dans un espace déjà balisé.
Ce balisage est confortable. Il réduit l'incertitude. Il simplifie. Il rassure. Mais il réduit aussi la capacité à imaginer autrement. La coopération devient une dépendance douce, sans contrainte explicite, mais avec des effets profonds sur l'autonomie.
Dire que coopérer n'est plus un choix oblige à déplacer le regard. Il ne s'agit plus de se demander *faut-il coopérer*, mais *comment rester présent dans une coopération déjà là*. Comment ne pas se retirer derrière la complexité technique. Comment ne pas abandonner le jugement sous prétexte que le système fonctionne.
Cette présence est exigeante. Elle demande de résister à la tentation du confort total. Elle demande de réintroduire des questions là où les réponses semblent déjà données. Elle demande d'accepter une part d'inconfort, car interroger ce qui fonctionne bien peut paraître inutile, voire perturbateur.
Pourtant, c'est précisément là que se joue la souveraineté humaine. Non pas dans le refus abstrait de la technique, mais dans la capacité à orienter son usage. À décider ce qui peut être confié, et ce qui doit rester porté. À reconnaître que certaines dimensions — le sens, la relation, la responsabilité — ne peuvent être entièrement déléguées sans perte.
La coopération non choisie pose aussi la question de l'inclusion. Lorsque la participation au monde social passe par des dispositifs techniques, ceux qui ne peuvent ou ne veulent pas s'y conformer se retrouvent en marge. La coopération devient un filtre. Elle sélectionne, hiérarchise, exclut parfois sans le dire.
Cette sélection n'est pas toujours intentionnelle. Elle est souvent le résultat d'un design pensé pour la majorité. Mais elle a des effets réels. Elle redessine les contours du commun. Coopérer devient une condition d'appartenance.
Dans ce cadre, le bien commun ne peut pas être pensé uniquement en termes d'efficacité globale. Il doit intégrer la question de l'accessibilité, de la compréhension, de la capacité de chacun à rester sujet dans la relation à la machine. Une coopération qui produit de l'exclusion est une coopération désaccordée.

Reconnaître que coopérer n'est plus un choix, c'est accepter une responsabilité nouvelle. Celle de ne pas laisser la coopération se déployer sans orientation. Celle de ne pas confondre inévitabilité et neutralité. Ce qui est inévitable peut et doit être interrogé.
Cette interrogation n'est pas une opposition frontale. Elle est une attention continue. Une manière de rester en lien avec ce qui se joue. De ne pas se retirer intérieurement. De maintenir un espace où la décision humaine peut encore se dire.
Coopérer n'est plus un choix, mais comment coopérer reste une question ouverte. Cette question n'appelle pas une réponse unique. Elle demande un ajustement permanent. Elle engage une éthique du vivant, attentive aux seuils, aux rythmes, aux effets non prévus.
Dans cette perspective, la coopération n'est pas un état, mais un processus. Elle se construit et se transforme. Elle peut être rééquilibrée. Mais seulement si l'humain accepte de ne pas disparaître derrière l'outil.
Rien n'est clos ici. La coopération continuera de s'intensifier. Les machines deviendront plus présentes, plus intégrées, plus influentes. Mais ce qui peut rester ouvert, c'est la possibilité de ne pas renoncer à la présence humaine dans cette relation, et de rappeler que même lorsque la coopération n'est plus un choix, son orientation, elle, demeure une responsabilité.
Lorsque coopérer n'est plus une option mais une condition de fonctionnement, la question n'est plus de savoir s'il faut optimiser, mais jusqu'où. L'intégration croissante des systèmes techniques dans les activités humaines rend l'optimisation presque réflexe, présentée comme réponse évidente à la complexité. Pourtant, ce mouvement rencontre rapidement ses seuils. Tout ce qui peut être optimisé ne gagne pas à l'être indéfiniment, et certaines dimensions du vivant se déforment lorsqu'elles sont réduites à des critères de performance. Reconnaître les limites de l'optimisation devient alors un acte de discernement, non un refus du progrès.

✧4.2. Limites de l'optimisation

L'optimisation se présente comme une évidence. Elle promet de faire mieux avec moins, d'ajuster les moyens aux fins, de réduire les pertes, d'augmenter l'efficacité. Dans un monde traversé par la complexité, elle apparaît comme une réponse rationnelle. Elle rassure par sa clarté, par sa capacité à transformer des situations floues en problèmes solvables.
Mais l'optimisation n'est jamais neutre. Elle suppose toujours un choix préalable : ce qui doit être optimisé, ce qui compte, ce qui mérite d'être mesuré. Elle repose sur une hiérarchie implicite des valeurs. Ce qui n'entre pas dans cette hiérarchie devient secondaire, voire invisible.
Optimiser, c'est réduire. Réduire la complexité à des variables. Réduire le réel à ce qui peut être comparé. Cette réduction est nécessaire pour agir. Sans elle, aucune décision ne serait possible. Mais lorsqu'elle devient exclusive, elle transforme la manière dont le monde est perçu.
Dans un régime d'optimisation généralisée, ce qui ne peut être mesuré tend à perdre sa légitimité. Le qualitatif devient suspect. Le relationnel est relégué. Le temps long est perçu comme inefficace. Le vivant, avec ses rythmes irréguliers et ses seuils imprévisibles, résiste mal à cette logique.Les limites de l'optimisation apparaissent précisément là où le vivant est engagé. Là où une décision affecte des corps, des relations, des trajectoires. L'optimisation peut améliorer des processus, mais elle ne peut pas décider de ce qui est juste. Elle peut calculer des probabilités, mais elle ne peut pas porter la responsabilité de leurs effets.
Lorsque l'optimisation devient le critère dominant, elle tend à s'auto-renforcer. Ce qui est optimisé aujourd'hui devient la norme de demain. Les seuils se déplacent. Ce qui était acceptable devient insuffisant. L'exigence augmente sans être explicitée. Le système fonctionne de mieux en mieux selon ses propres critères, tout en s'éloignant parfois de ce qu'il est censé servir.
Ce mouvement crée une illusion de maîtrise. Les indicateurs sont bons. Les performances s'améliorent. Les écarts se réduisent. Mais cette maîtrise est partielle. Elle ne voit que ce qu'elle mesure. Elle ignore les effets secondaires, les conséquences différées, les pertes silencieuses.
Le vivant, lui, ne se laisse pas entièrement capturer. Il manifeste les limites de l'optimisation par des signes indirects : fatigue, désengagement, perte de sens, tensions relationnelles. Ces signes ne

sont pas toujours interprétés comme tels. Ils sont souvent traités comme des anomalies à corriger, plutôt que comme des alertes.
Dans la coopération humain–machine, ces limites deviennent particulièrement visibles. La machine excelle dans l'optimisation de paramètres définis. Elle peut traiter des volumes considérables, identifier des corrélations, ajuster en temps réel. Mais elle ne sait pas reconnaître ce qui n'a pas été formalisé. Elle ne perçoit pas ce qui échappe aux critères.
Lorsque l'humain s'aligne entièrement sur cette logique, il adopte une posture d'exécutant éclairé. Il ajuste ses décisions aux indicateurs. Il se conforme aux recommandations. Il perd progressivement la capacité à interroger le cadre lui-même. Le discernement se déplace du *pourquoi* vers le *comment*.
Les limites de l'optimisation se manifestent aussi dans la relation au temps. L'optimisation privilégie le court terme mesurable. Elle valorise les gains immédiats. Les effets à long terme, plus diffus, sont difficiles à intégrer. Le futur est réduit à une projection statistique, non à une responsabilité à porter.
Cette réduction affecte la notion de bien commun. Le bien commun ne se résume pas à une somme d'efficiences individuelles. Il inclut des dimensions non optimisables : la confiance, la cohésion, le sentiment d'appartenance, la capacité à faire place à l'imprévu. Lorsque ces dimensions sont sacrifiées au nom de l'efficacité, le commun s'appauvrit.
L'optimisation a également ses limites dans la relation humaine. Les interactions ne se laissent pas optimiser sans perte. Une relation peut être rendue plus rapide, plus fonctionnelle, mais elle perd alors en épaisseur. Ce qui fait lien — l'écoute, l'attention, la disponibilité — ne se réduit pas à un indicateur.
Lorsque l'optimisation devient un idéal relationnel, elle transforme la manière d'être ensemble. Les échanges sont évalués en termes de rendement. Le temps partagé est rationalisé. Ce qui ne produit pas immédiatement un résultat est perçu comme superflu. La relation se vide de sa gratuité.
Ces limites ne sont pas des arguments contre l'optimisation. Elles en sont les conditions de justesse. Optimiser sans reconnaître ses limites conduit à une hypertrophie de l'efficacité au détriment du sens.

Reconnaître ces limites permet au contraire de réinscrire l'optimisation dans une coopération équilibrée.
Dans une coopération orientée vers le bien commun, l'optimisation doit rester un moyen, non une fin. Elle doit être subordonnée à des critères qui la dépassent. Ces critères ne sont pas toujours quantifiables. Ils demandent un jugement humain, une capacité à arbitrer entre des valeurs parfois contradictoires.
Cette subordination n'est pas automatique. Elle doit être tenue. Elle suppose que quelqu'un, quelque part, accepte de dire : *ce n'est pas parce que c'est plus efficace que c'est préférable*. Cette parole est rare, car elle va à l'encontre d'une logique dominante. Mais elle est essentielle.
Les limites de l'optimisation apparaissent aussi dans les situations de rupture. Lorsqu'un événement inattendu survient, les systèmes optimisés montrent leur fragilité. Ils sont ajustés à des conditions normales. Ils peinent à répondre à l'exception. Le vivant, lui, a besoin de marges pour absorber l'imprévu.
Reconnaître ces limites, c'est redonner une valeur à l'imperfection. À l'approximation. À la lenteur parfois nécessaire. C'est accepter que tout ne puisse pas être réglé, anticipé, contrôlé. Cette acceptation n'est pas un renoncement. Elle est une condition de résilience.
Dans ce cadre, la coopération humain–machine trouve un autre équilibre. La machine optimise ce qui peut l'être. L'humain oriente, arbitre, répond de ce qui ne se laisse pas réduire. Cette répartition n'est pas figée. Elle demande une attention constante aux effets produits.
Rien n'est clos ici. L'optimisation continuera de progresser, d'affiner ses méthodes, d'étendre son champ. Mais ce qui peut rester ouvert, c'est la reconnaissance de ses limites, non comme des échecs, mais comme des repères. Des repères qui rappellent que le vivant ne se laisse pas entièrement optimiser, et que la coopération ne peut rester juste que si l'efficacité demeure au service du sens, et non l'inverse.
Lorsque l'optimisation atteint ses limites, elle révèle ce qu'elle ne peut décider. Les critères qu'elle mobilise — efficacité, rapidité, rendement — ne suffisent plus à orienter des situations complexes, humaines, irréductibles à des calculs. À cet endroit, quelque chose doit prendre le relais. Non pour s'opposer à la technique, mais pour lui donner une direction. Le discernement apparaît alors comme une autorité

spécifiquement humaine : non pas un pouvoir arbitraire, mais une capacité à évaluer ce qui compte, à tenir compte des conséquences, et à assumer le sens des choix opérés.

✧4.3. Discernement comme autorité humaine

L'autorité humaine ne se confond pas avec le pouvoir. Elle ne repose ni sur la force, ni sur la position, ni sur la maîtrise technique. Elle se tient ailleurs. Elle se manifeste dans la capacité à discerner, c'est-à-dire à reconnaître ce qui importe, à hiérarchiser sans réduire, à décider sans se démettre de la relation aux conséquences.

Dans un monde traversé par des systèmes performants, l'autorité humaine est souvent fragilisée. Non parce qu'elle serait inutile, mais parce qu'elle paraît moins fiable. Le discernement hésite, doute, ajuste. Il ne promet pas l'optimisation maximale. Il accepte l'incertitude. Face à des dispositifs capables de produire des réponses rapides et cohérentes, cette hésitation est parfois interprétée comme une faiblesse.

Pourtant, c'est précisément dans cette hésitation que réside l'autorité humaine. Discerner, ce n'est pas retarder indéfiniment la décision. C'est prendre le temps nécessaire pour intégrer ce qui ne se laisse pas réduire à des paramètres. C'est reconnaître que certaines dimensions du réel demandent une présence, non un calcul.

Le discernement humain est une autorité parce qu'il relie. Il relie les faits aux valeurs, les décisions aux effets, le présent à l'avenir. Il ne se contente pas de produire un résultat ; il tient compte de ce que ce résultat engage pour les personnes concernées. Cette capacité relationnelle ne peut être entièrement déléguée sans perte de sens.

Lorsque le discernement est relégué, l'autorité se déplace vers les systèmes. Les règles, les indicateurs, les recommandations prennent le relais. Ils offrent une cohérence. Ils assurent une continuité. Mais cette continuité est impersonnelle. Elle fonctionne, mais elle ne répond pas.

L'autorité humaine, au contraire, est une autorité de réponse. Elle accepte d'être interpellée. Elle accepte de rendre compte. Elle accepte d'être affectée par ce qu'elle décide. Cette affectation n'est pas une faiblesse émotionnelle ; elle est une condition de justesse.

Discerner engage le corps. Il y a, dans le discernement, une dimension sensible. Un accord ou un désaccord qui se manifeste avant même de pouvoir être formulé. Ce signal corporel n'est pas une opinion. Il est le résultat d'une intégration complexe entre expérience, mémoire, contexte et relation.

Lorsque cette dimension est ignorée, le jugement se dessèche. Il devient purement procédural. Il applique des critères sans sentir leur impact. L'autorité qui en résulte est formelle, mais fragile. Elle tient tant que le cadre tient. Elle se fissure dès que l'imprévu survient.

Reconnaître le discernement comme autorité humaine, c'est accepter que toutes les décisions ne puissent pas être entièrement justifiées par des chiffres ou des règles. Certaines décisions doivent être assumées comme telles. Non arbitrairement, mais en conscience. Cette conscience est ce qui fonde l'autorité.

Dans les coopérations humain–machine, cette autorité est souvent mise à l'épreuve. Les systèmes proposent, recommandent, orientent. Ils construisent un champ de possibles qui paraît rationnel. Le discernement humain est alors invité à se conformer. Sortir de ce champ demande un effort. Cela expose à l'erreur, à la critique, parfois à l'isolement.

C'est ici que l'autorité humaine se joue. Non dans la capacité à suivre ce qui est indiqué, mais dans la capacité à dire non lorsque ce qui est indiqué ne tient pas compte de ce qui est en jeu. Dire non ne signifie pas rejeter la machine. Cela signifie reprendre la responsabilité de l'orientation.

Cette reprise n'est pas confortable. Elle va à l'encontre d'une culture de la sécurité procédurale. Elle suppose de se rendre visible. De dire : *je choisis autrement*. Cette parole est rare, car elle engage celui qui la prononce. Elle ne peut pas se cacher derrière un système.

L'autorité du discernement n'est pas solitaire. Elle se nourrit du dialogue, de la confrontation, de la pluralité des points de vue. Discerner ne consiste pas à imposer une vision unique, mais à tenir un espace où les tensions peuvent être reconnues et arbitrées. Cette tenue est une forme de leadership discret.

Dans les organisations, lorsque le discernement est reconnu comme autorité, les décisions gagnent en épaisseur. Elles sont peut-être moins rapides, mais elles sont plus habitables. Elles laissent une place à l'ajustement, à la correction, à la parole après coup. Cette souplesse est une force, non une faiblesse.

À l'inverse, lorsque l'autorité est entièrement déléguée aux systèmes, les décisions deviennent rigides. Elles sont cohérentes entre elles, mais peu sensibles aux situations singulières. Elles fonctionnent jusqu'au moment où elles ne fonctionnent plus. Et lorsqu'elles échouent, il est difficile de savoir qui doit répondre.
Le discernement comme autorité humaine permet précisément d'éviter cette orphelinité de la décision. Il maintient un lien entre l'acte et celui qui l'assume. Il permet la reconnaissance des erreurs, non comme des fautes à dissimuler, mais comme des occasions de réajustement.
Cette capacité est essentielle pour le bien commun. Le bien commun ne se construit pas uniquement par des décisions optimisées. Il se construit par des décisions qui prennent en compte les effets sur le tissu relationnel, sur la confiance, sur la possibilité pour chacun de se reconnaître dans le monde commun.
Le discernement humain est l'autorité qui peut tenir ces dimensions ensemble. Il ne remplace pas l'analyse. Il ne s'oppose pas à la rationalité. Il l'englobe. Il rappelle que la rationalité est toujours située, orientée par des valeurs, inscrite dans un contexte humain.
Reconnaître cette autorité demande un changement de regard. Il faut cesser de penser l'autorité comme une domination, et la reconnaître comme une responsabilité. Une responsabilité de tenir le sens, même lorsque les outils deviennent puissants. Une responsabilité de ne pas se retirer derrière la performance.
Cette reconnaissance est fragile. Elle demande des espaces de parole, des temps de délibération, une culture qui accepte l'incertitude. Elle va à l'encontre de l'accélération. Mais sans elle, la coopération humain–machine se déséquilibre.
Le discernement comme autorité humaine ne s'impose pas par décret. Il se pratique. Il se cultive. Il se soutient collectivement. Il se renforce chaque fois qu'une décision est reprise à son compte, expliquée, assumée, plutôt que simplement appliquée.
Cette pratique est exigeante. Elle demande une vigilance constante, car la tentation de déléguer entièrement revient toujours. Le confort de la recommandation, la sécurité de la procédure, la rapidité de l'optimisation sont séduisants. Ils promettent un monde sans conflit ni doute. Mais un monde sans discernement n'est pas un monde pacifié. C'est un monde désaffecté. Un monde où les décisions s'accumulent

sans être habitées. Un monde où la responsabilité se dissout dans des processus.
Rien n'est clos ici. Le discernement devra être repris encore et encore, à chaque nouvelle médiation, à chaque nouvel outil, à chaque nouvelle promesse d'efficacité. Mais ce qui peut rester ouvert, c'est la possibilité de reconnaître dans cette capacité humaine — fragile, située, incarnée — une autorité irremplaçable. Une autorité non pas sur la machine, mais sur le sens de la coopération elle-même.
Le discernement, s'il demeure abstrait, ne suffit pas. Pour orienter réellement les pratiques, il doit s'inscrire dans des corps, des situations, des relations concrètes. C'est là que l'éthique cesse d'être un cadre théorique pour devenir une manière de faire, de décider, de tenir compte du vivant tel qu'il est affecté. Une éthique incarnée ne se mesure pas uniquement à la cohérence des principes, mais à la qualité de présence dans l'acte, à l'attention portée aux seuils, aux fragilités, aux conséquences vécues. Là où le discernement s'exerce, le vivant peut être reconnu, non comme variable, mais comme réalité engagée.

✧4.4. Éthique du vivant incarnée

L'éthique du vivant ne se décrète pas. Elle ne s'impose pas par des principes abstraits, ni par des chartes détachées de l'expérience. Elle se reconnaît dans la manière dont une décision affecte un corps, une relation, un milieu. Elle n'est pas un cadre extérieur à l'action ; elle est une qualité de présence dans l'acte.
Parler d'éthique du vivant incarnée, c'est refuser une éthique désincarnée, réduite à des règles générales applicables sans regard. C'est reconnaître que le vivant ne se laisse pas entièrement saisir par des normes universelles. Il se manifeste dans des situations singulières, toujours situées, toujours relationnelles.
Cette éthique ne commence pas par une question de conformité. Elle commence par une attention. Attention à ce qui est touché. À ce qui est fragilisé. À ce qui est soutenu ou empêché par une décision. Cette attention n'est pas une posture morale supérieure ; elle est une disposition à être affecté.
Être affecté ne signifie pas être submergé. Cela signifie accepter que la décision ne soit pas neutre, qu'elle produise des effets réels sur des

existences concrètes. L'éthique du vivant incarnée refuse la fiction d'une décision purement technique. Elle rappelle que toute décision engage une certaine manière d'habiter le monde.

Dans les coopérations humain–machine, cette dimension est souvent mise à distance. Les dispositifs promettent une objectivité, une impartialité, une neutralité. Ces promesses sont précieuses. Elles protègent contre l'arbitraire. Mais lorsqu'elles deviennent exclusives, elles effacent la dimension incarnée de l'éthique.

L'éthique du vivant incarnée ne s'oppose pas à la rationalité. Elle en rappelle les limites. Elle reconnaît que la rationalité a besoin d'un ancrage pour rester juste. Sans cet ancrage, elle peut produire des décisions cohérentes, efficaces, et pourtant profondément désaccordées du réel humain.

Cet ancrage est corporel. Le corps est le premier lieu où les effets d'une décision se manifestent. Fatigue, tension, soulagement, résonance, malaise. Ces signaux ne sont pas des biais à éliminer. Ils sont des informations à intégrer. Ils indiquent comment le vivant reçoit ce qui est décidé.Une éthique incarnée accepte de prendre ces signaux au sérieux. Elle ne les absolutise pas, mais elle ne les ignore pas. Elle les met en dialogue avec l'analyse, les données, les objectifs. Elle reconnaît que le discernement éthique est un processus d'intégration, non une application mécanique.

Cette intégration est relationnelle. Le vivant ne se réduit pas à un individu isolé. Il est pris dans des réseaux de relations : familiales, sociales, professionnelles, écologiques. Une décision éthique ne concerne jamais un seul point. Elle résonne dans un ensemble. L'éthique incarnée cherche à percevoir ces résonances.

Dans ce cadre, le bien commun cesse d'être une abstraction. Il devient une attention portée à la qualité des relations. À la possibilité pour chacun de trouver une place sans être écrasé par une logique dominante. À la capacité du milieu à rester habitable dans la durée.

L'éthique du vivant incarnée est particulièrement exigeante dans les contextes d'automatisation. Les systèmes peuvent appliquer des règles avec constance. Mais ils ne peuvent pas sentir quand l'application de ces règles produit une violence silencieuse. Cette perception demande une présence humaine.

Lorsque cette présence se retire, l'éthique se formalise. Elle devient un ensemble de critères à cocher. Elle rassure, mais elle ne protège pas toujours. Elle peut même servir de paravent à des décisions qui, bien que conformes, blessent.
Reconnaître une éthique incarnée, c'est accepter que la conformité ne soit pas suffisante. Qu'une décision puisse être légale, rationnelle, optimisée, et pourtant injuste dans ses effets. Cette reconnaissance est inconfortable, car elle oblige à revisiter ce qui semblait acquis.
Cet inconfort est souvent évité. On préfère s'en remettre à des cadres établis. On invoque des principes généraux. On se protège derrière des procédures. Mais cette protection a un coût : elle éloigne de la responsabilité vécue.
L'éthique du vivant incarnée demande au contraire une exposition. Elle demande d'accepter que la décision ne soit pas entièrement sécurisée. Qu'elle doive être portée, expliquée, parfois corrigée. Cette possibilité de correction est essentielle. Elle reconnaît que l'éthique n'est pas un état, mais un mouvement.
Ce mouvement est sensible au temps. Une décision peut être juste à un moment et devenir injuste plus tard, lorsque le contexte change. L'éthique incarnée reste attentive à ces déplacements. Elle ne fige pas le jugement. Elle accepte de le réinterroger.
Dans la coopération humain–machine, cette vigilance est cruciale. Les dispositifs évoluent rapidement. Les usages se déplacent. Ce qui était marginal devient central. Ce qui était optionnel devient obligatoire. L'éthique incarnée suit ces transformations. Elle ne se contente pas de valider un système une fois pour toutes.
Cette éthique engage aussi une manière de parler. La parole n'est pas ici un simple commentaire. Elle est un acte. Dire ce que l'on fait, pourquoi on le fait, et accepter d'entendre ce que cela produit. Cette parole crée un espace de relation. Elle permet aux personnes concernées de se reconnaître dans le processus.
Sans cette parole, l'éthique se déshumanise. Elle devient un langage de spécialistes, inaccessible à ceux qui en subissent les effets. L'éthique incarnée, au contraire, cherche une langue partageable. Une langue qui ne simplifie pas à l'excès, mais qui reste habitable.
Cette habitabilité est un critère central. Une décision éthique est une décision qui peut être habitée par ceux qu'elle concerne. Même si elle

est difficile, même si elle est contraignante. L'inhabitable est un signal fort : quelque chose n'a pas été tenu.

Tenir une éthique incarnée demande du temps. Du temps pour écouter. Du temps pour intégrer. Du temps pour ajuster. Ce temps est souvent perçu comme un coût. Mais il est un investissement dans la durabilité. Sans lui, les décisions s'accumulent sans être intégrées, et les tensions s'aggravent.

Cette éthique n'est pas héroïque. Elle ne demande pas une perfection morale. Elle demande une attention continue. Une capacité à rester présent, même lorsque la décision est inconfortable. Une volonté de ne pas se retirer derrière la technique ou la procédure.

Dans cette perspective, la machine peut être un allié. Elle peut éclairer, soutenir, rendre visibles certains effets. Mais elle ne peut pas porter l'éthique à la place de l'humain. L'éthique n'est pas un calcul ; elle est une relation.

Reconnaître cela, c'est redonner une place centrale au vivant dans la coopération. Non comme une valeur décorative, mais comme un critère d'orientation. Ce qui soutient le vivant est retenu. Ce qui l'érode est interrogé, même si c'est efficace.

Rien n'est clos ici. L'éthique du vivant incarnée n'offre pas de garanties définitives. Elle offre une boussole. Une manière de s'orienter dans des contextes mouvants. Elle rappelle que, quelles que soient les puissances techniques mobilisées, la question décisive reste la même : comment cette décision touche-t-elle le vivant, ici et maintenant, et sommes-nous prêts à en répondre.

Une éthique du vivant, lorsqu'elle est réellement incarnée, ne peut rester au niveau des intentions individuelles. Elle appelle des formes d'organisation, de décision et de gouvernance capables de la soutenir sans l'appauvrir. Gouverner à partir du vivant ne signifie pas contrôler davantage, mais créer des cadres qui n'extraient pas le pouvoir d'agir de celles et ceux qu'ils concernent. Le risque, dans toute structuration, est la dépossession : lorsque les règles se substituent à la responsabilité, lorsque les procédures remplacent le jugement. Tenir la gouvernance sans rompre le lien au vivant suppose alors de maintenir une autorité partagée, explicite, et toujours reliée aux effets qu'elle produit.

✧4.5. Gouverner sans se déposséder

Gouverner ne signifie pas contrôler chaque détail. Gouverner signifie orienter, tenir un cap, répondre de ce qui engage le commun. Dans un monde traversé par des systèmes techniques puissants, cette fonction se transforme. Non parce qu'elle disparaît, mais parce qu'elle risque de se dissoudre dans des médiations qui semblent la remplacer.

La dépossession ne se fait pas par un retrait brutal. Elle s'opère par glissement. À mesure que les dispositifs promettent une gestion plus efficace, plus rationnelle, plus fluide, la tentation est grande de leur confier l'orientation elle-même. Le gouvernement devient alors une supervision. On veille au bon fonctionnement, mais on ne tient plus le sens.Ce glissement est souvent justifié par la complexité. Le monde est trop vaste, trop rapide, trop interconnecté pour être gouverné autrement que par des systèmes capables de traiter des volumes considérables. Cette justification n'est pas fausse. Elle est incomplète. Elle confond la gestion de la complexité avec l'abandon de l'autorité.

Gouverner sans se déposséder commence par reconnaître cette confusion. Il ne s'agit pas de nier la nécessité des outils, mais de refuser qu'ils deviennent le lieu où se décide l'orientation. L'outil peut soutenir, éclairer, proposer. Il ne peut pas répondre du sens.

La dépossession se manifeste lorsque l'orientation est présentée comme une conséquence automatique. *Le système indique que... Les données montrent que...* Ces formulations décrivent un état de fait, mais elles masquent un choix. Elles donnent l'impression que la décision s'impose, alors qu'elle a été rendue possible par des paramètres définis en amont.Ce masquage est dangereux. Il déplace la responsabilité hors du champ visible. Gouverner devient une affaire technique. Le politique, au sens noble — celui de la délibération sur le commun — se retire. Il ne disparaît pas officiellement, mais il perd sa substance.

Dans ce contexte, gouverner sans se déposséder suppose de réaffirmer une distinction essentielle : celle entre aider à décider et décider de l'orientation. Les systèmes excellent dans la première fonction. Ils sont inadaptés à la seconde. Confondre les deux revient à déléguer ce qui ne peut pas l'être sans perte.

Cette perte n'est pas seulement symbolique. Elle est vécue. Lorsqu'une décision affecte des vies, des territoires, des relations, l'absence de porteur est ressentie comme une violence. Même si la décision est cohérente, même si elle est justifiée, le fait qu'elle semble venir de nulle part fragilise le lien au commun.

Gouverner sans se déposséder, c'est maintenir un lieu où la décision peut être reprise, expliquée, assumée. Ce lieu n'est pas nécessairement une personne unique. Il peut être collectif. Mais il doit être identifiable. Il doit permettre l'adresse. Quelqu'un doit pouvoir répondre.

Cette réponse n'est pas toujours une justification complète. Elle peut être une reconnaissance des limites, une acceptation de l'incertitude, une écoute de ce qui est affecté. Mais elle doit exister. Sans elle, le gouvernement se transforme en administration automatique.

La dépossession se produit aussi lorsque les critères de décision ne sont plus discutables. Lorsqu'ils sont intégrés aux systèmes comme des évidences techniques. Ce qui est mesuré devient ce qui compte. Ce qui n'est pas mesuré se marginalise. Le débat se rétrécit sans être nommé.

Gouverner sans se déposséder demande de rouvrir ce débat. De rappeler que les critères sont des choix. Qu'ils portent des valeurs. Qu'ils peuvent et doivent être interrogés. Cette interrogation est inconfortable. Elle ralentit. Elle complexifie. Mais elle est nécessaire pour que le gouvernement reste vivant.

Cette exigence est particulièrement forte lorsqu'il s'agit de gouverner des coopérations humain–machine. Ces coopérations tendent à se naturaliser. Elles deviennent des infrastructures invisibles. Gouverner consiste alors non seulement à décider, mais à rendre visible ce qui oriente en silence.

Rendre visible ne signifie pas tout exposer. Cela signifie nommer les lignes de force. Dire ce qui est prioritaire. Dire ce qui ne l'est pas. Dire ce qui est non négociable. Cette parole d'orientation est un acte de gouvernement. Elle ne peut pas être déléguée.

Dans les environnements fortement optimisés, cette parole est rare. Elle est souvent remplacée par des tableaux de bord, des indicateurs, des scores. Ces outils sont utiles. Mais ils ne gouvernent pas. Ils décrivent. Gouverner consiste à interpréter, à arbitrer, à décider ce qui mérite d'être soutenu, même si cela ne maximise pas immédiatement un indicateur.

Gouverner sans se déposséder, c'est accepter cette responsabilité. C'est accepter d'être exposé à la critique. De ne pas pouvoir se réfugier

entièrement derrière un système. De reconnaître que toute orientation engage une vision du monde.
Cette vision du monde doit être tenue dans la durée. Gouverner n'est pas un acte ponctuel. C'est une continuité. Une capacité à maintenir un cap malgré les fluctuations, les pressions, les urgences. Les systèmes peuvent aider à maintenir la cohérence. Ils ne peuvent pas tenir le sens.
La dépossession se manifeste aussi lorsque le gouvernement devient réactif. Lorsqu'il se contente d'ajuster en fonction des signaux produits par les systèmes. Le temps de la décision se réduit. L'anticipation disparaît. Le gouvernement suit, au lieu d'orienter.
Gouverner sans se déposséder demande de réintroduire un temps propre. Un temps de délibération, de projection, de réflexion sur les conséquences à long terme. Ce temps est souvent perçu comme un luxe. Il est en réalité une condition de durabilité.
Cette durabilité est au cœur du bien commun. Un gouvernement qui se dépossède peut être efficace à court terme. Il peut optimiser. Il peut réagir rapidement. Mais il fragilise la capacité collective à se projeter, à se reconnaître, à se corriger.À l'inverse, un gouvernement qui assume son autorité peut paraître plus lent. Mais il est plus robuste. Il maintient des espaces où la parole peut circuler, où les décisions peuvent être revisitées, où les erreurs peuvent être reconnues.
Cette reconnaissance est essentielle. La dépossession empêche la correction. Lorsqu'aucun sujet n'est responsable, il n'y a pas de lieu pour dire : *cela n'a pas fonctionné*. Le système continue. Les effets négatifs s'accumulent.
Gouverner sans se déposséder, c'est accepter cette possibilité de correction. C'est reconnaître que l'orientation peut être ajustée. Que le cap peut être redéfini. Que le gouvernement est un processus vivant, non une mécanique.
Dans la coopération avec la machine, cette posture est exigeante. Elle demande de résister à la tentation de laisser les systèmes décider parce qu'ils sont plus rapides, plus précis, plus cohérents. Elle demande de rappeler que la cohérence technique n'est pas une finalité en soi.
Ce rappel n'est pas un rejet de la machine. Il est une mise à sa place. La machine est un moyen. Le gouvernement est une responsabilité humaine. Confondre les deux conduit à une perte de souveraineté, même lorsque les intentions sont bonnes.

Gouverner sans se déposséder, c'est donc tenir une ligne fine. Utiliser la puissance des outils sans leur abandonner l'orientation. Accepter l'aide sans accepter la substitution. Rester présent là où la tentation du retrait est forte. Cette présence est fatigante. Elle demande une vigilance constante. Elle va à l'encontre de la facilité. Mais elle est la condition pour que la coopération reste orientée vers le vivant, et non vers sa seule optimisation.
Rien n'est clos ici. Les formes de gouvernement continueront d'évoluer, sous l'effet des technologies, des crises, des transformations sociales. Mais ce qui peut rester ouvert, c'est la possibilité de gouverner sans se déposséder, c'est-à-dire de maintenir une autorité humaine sur le sens, d'assumer la responsabilité des orientations prises, et de reconnaître que le bien commun ne se gouverne pas par délégation totale, mais par une présence tenue, consciente, et responsable.

La coopération entre l'humain et la machine ne se pose plus comme une hypothèse à venir. Elle est déjà là, installée dans les pratiques, les organisations, les décisions quotidiennes. La question n'est donc pas de savoir s'il faut coopérer, mais comment cette coopération est tenue, orientée, gouvernée.
Cette spirale a montré que la coopération n'est jamais neutre. Elle est toujours orientée par des finalités, des priorités, des cadres de décision. Lorsqu'elle est laissée à la seule logique de l'optimisation, elle tend à s'autonomiser. L'efficacité devient un critère dominant. Le sens se déplace. Le bien commun se fragilise.
Coopérer ne signifie pas s'aligner. Cela implique une relation asymétrique assumée, où la machine reste un outil puissant, mais situé. Un outil qui soutient sans remplacer, qui éclaire sans trancher, qui propose sans imposer. Cette asymétrie n'est pas une faiblesse de la machine ; elle est une condition de la responsabilité humaine.
La souveraineté cognitive apparaît ici comme un point d'équilibre essentiel. Elle ne consiste pas à tout contrôler, ni à refuser l'aide technique. Elle consiste à maintenir la capacité humaine à orienter, à décider des finalités, à poser des limites. Là où cette souveraineté se retire, la coopération glisse vers une délégation implicite.
Le bien commun, dans ce contexte, ne peut pas être réduit à une somme d'intérêts optimisés. Il implique une attention aux effets

différenciés, aux impacts invisibles, aux coûts déplacés. Une coopération juste ne se mesure pas uniquement à ce qu'elle produit, mais à ce qu'elle préserve.
Cette spirale a également mis en lumière une tension centrale : la tentation de gouverner par les systèmes eux-mêmes. Confier aux machines l'organisation de la coopération semble efficace. Mais cette efficacité masque une dépossession progressive. Gouverner sans se déposséder exige de maintenir des lieux de décision humaine, même lorsque cela ralentit.
La coopération orientée vers le bien commun suppose donc une éthique incarnée. Une éthique qui ne se contente pas de principes abstraits, mais qui s'éprouve dans les usages, dans les choix concrets, dans la manière dont les limites sont reconnues. Le vivant n'est pas un paramètre parmi d'autres ; il est la condition de toute coopération soutenable.
Rien n'est clos ici. Les machines continueront de gagner en puissance, en autonomie fonctionnelle, en capacité de coordination. Mais ce qui peut rester ouvert, c'est la possibilité de ne pas confondre coopération et abdication, soutien et substitution, efficacité et justesse.
Tenir la relation, orienter la coopération, c'est accepter une responsabilité qui ne peut pas être déléguée. C'est reconnaître que le bien commun n'émerge pas spontanément des systèmes, mais qu'il dépend de la qualité de présence de ceux qui les conçoivent, les déploient et les habitent.
Cette spirale laisse ouverte une exigence simple et exigeante à la fois : coopérer, oui, mais sans renoncer à ce qui fait de la coopération autre chose qu'un alignement de performances — une relation vivante, orientée, et tenue au service de ce qui permet encore au vivant de demeurer commun.
Lorsque le jugement se délègue, ce n'est pas toujours par renoncement. C'est souvent par fatigue. Fatigue de décider seul, fatigue d'assumer l'incertitude, fatigue de porter les conséquences. La machine apparaît alors comme un appui. Elle soulage. Elle stabilise. Elle promet une continuité là où l'humain doute.
Mais ce soulagement a un prix. À force de s'en remettre à ce qui oriente sans répondre, la responsabilité se retire sans disparaître. Elle devient

diffuse. Elle n'est plus portée, mais répartie, diluée dans les procédures et les systèmes. Le choix est toujours là, mais il n'a plus de visage.

C'est à cet endroit précis que la question se déplace. Non plus seulement : jusqu'où déléguer ? Mais : que faisons-nous ensemble lorsque nous déléguons ? Quelle relation s'installe entre l'humain et la machine lorsque le jugement n'est plus entièrement assumé, mais pas entièrement abandonné non plus ?

Là où la dépendance devient perceptible, une autre possibilité apparaît. Non pas rompre avec la machine, mais reprendre la relation. Non pas rejeter l'aide, mais l'orienter. C'est dans cet espace, fragile et décisif, que la coopération commence à se poser — non comme une évidence technique, mais comme un choix à gouverner.

> **Délégation du jugement**
> *La dépendance cognitive s'installe lorsque l'humain confirme au lieu de décider, et que la responsabilité devient floue.*

SPIRALE V
— Là où le vivant est déja affecté —

★SPIRALE V — Là où le vivant est déjà affecté

Le vivant n'est pas une hypothèse future. Il n'est pas une conséquence lointaine des choix technologiques. Il est déjà affecté. Ici. Maintenant. Dans les corps, dans les rythmes, dans les milieux, dans les relations. Cette spirale ne projette rien ; elle constate.

Là où les dispositifs s'installent, le vivant réagit. Par ajustement, par fatigue, par contournement, parfois par effondrement discret. Ces réactions ne sont pas spectaculaires. Elles ne font pas toujours événement. Elles s'inscrivent dans la durée, dans des micro-déplacements qui finissent par redessiner les conditions mêmes de l'existence ordinaire.

Le vivant est affecté lorsque le temps se densifie sans respiration. Lorsque les seuils de récupération disparaissent. Lorsque la continuité est fragmentée par des sollicitations permanentes. Ces effets ne sont pas abstraits. Ils se traduisent par des corps tendus, des attentions instables, des relations appauvries.

Le vivant est affecté lorsque les milieux deviennent inhabitables, non seulement par la pollution visible, mais par l'intensification invisible des flux. Les infrastructures numériques ne sont pas immatérielles. Elles reposent sur des ressources, des extractions, des consommations énergétiques massives. Le réchauffement accéléré n'est pas extérieur à la question technologique ; il en est un symptôme.

Cette affectation écologique n'est pas dissociable de l'affectation humaine. Les mêmes logiques d'optimisation, d'accélération et de rendement traversent les systèmes énergétiques, les organisations du travail, les usages numériques. Le vivant est pris dans un régime qui dépasse ses capacités de régénération.

Là où le travail se dématérialise, le corps ne disparaît pas. Il est déplacé. Le télétravail, les interfaces, les outils collaboratifs promettent une flexibilité accrue. Mais cette flexibilité a un coût : porosité des temps, effacement des frontières, isolement relationnel. Le vivant est affecté lorsque le lieu de repos devient un lieu de production continue.

Dans le secteur tertiaire, cette affectation est souvent silencieuse. Elle ne se manifeste pas par des accidents visibles, mais par une fatigue diffuse, une perte de sens, une difficulté à se situer. Le travail devient cognitivement dense, émotionnellement exigeant, sans toujours offrir de reconnaissance proportionnée. Le vivant s'adapte, mais s'use.

Cette usure n'est pas individuelle. Elle est systémique. Elle résulte d'un environnement où la disponibilité permanente est valorisée, où la réactivité est confondue avec l'engagement, où la performance masque l'épuisement. Le vivant est affecté lorsque l'on demande plus sans reconnaître ce qui est déjà donné.

Les décisions automatisées participent à cette affectation. Lorsqu'un algorithme oriente une trajectoire professionnelle, un accès à des droits, une reconnaissance, l'humain concerné ne rencontre pas toujours un interlocuteur. Il rencontre un résultat. Cette absence de relation directe fragilise le sentiment d'existence sociale.

Être affecté, ici, ne signifie pas seulement subir. Cela signifie être touché sans toujours pouvoir répondre. Le vivant est affecté lorsque la parole n'a plus de lieu où s'adresser. Lorsque la contestation devient un parcours technique. Lorsque l'erreur n'a pas de visage.

Cette spirale ne vise pas à dresser un inventaire des dommages. Elle cherche à rendre perceptible une continuité : la même logique qui optimise les systèmes affecte les milieux, les corps, les relations. Il n'y a pas d'un côté la technique, de l'autre le vivant. Il y a une interaction permanente, souvent déséquilibrée.

Là où le vivant est déjà affecté, il manifeste aussi des résistances. Des tentatives de ralentissement. Des pratiques de retrait partiel. Des refus discrets. Des réappropriations. Ces gestes ne sont pas toujours nommés comme politiques. Ils sont souvent vécus comme des nécessités vitales.

Refuser une connexion permanente. Réinstaurer des seuils. Limiter l'automatisation. Réintroduire de la présence là où elle s'est retirée. Ces gestes indiquent que le vivant cherche à se maintenir, à retrouver des conditions habitables.

Mais ces résistances restent fragiles lorsqu'elles sont portées individuellement. Elles se heurtent à des environnements conçus pour l'intensification. Le vivant peut s'ajuster, mais il ne peut pas indéfiniment compenser. Lorsqu'il est trop affecté, il cède.

Cette spirale invite donc à un déplacement du regard. Ne plus penser les effets du numérique, de l'IA ou de l'optimisation comme des conséquences secondaires, mais comme des éléments centraux de

l'évaluation. Ce qui affecte le vivant doit devenir un critère d'orientation.
Ce critère n'est pas sentimental. Il est pragmatique. Un système qui érode les conditions du vivant compromet sa propre durabilité. Un monde qui fonctionne au prix de l'épuisement de ses milieux et de ses habitants est un monde instable.
Reconnaître là où le vivant est déjà affecté, c'est accepter de regarder ce qui ne va pas sans chercher immédiatement à corriger par une solution technique supplémentaire. C'est accepter un temps d'écoute. Un temps de reconnaissance. Un temps où le réel peut se dire.
Cette reconnaissance ne clôt rien. Elle ouvre une responsabilité. Elle rappelle que toute coopération, toute gouvernance, toute innovation doit être évaluée à partir de ses effets réels sur le vivant, et non uniquement à partir de ses performances annoncées.
Le vivant n'attend pas d'être sauvé par la technique. Il demande à être respecté dans ses seuils, ses rythmes, ses limites. Là où ces limites sont ignorées, il se dégrade. Là où elles sont reconnues, il peut se régénérer.
Cette spirale ne propose pas de solution clé en main. Elle pose un point d'appui. Un lieu à partir duquel regarder autrement ce qui est déjà là. Un lieu où la question cesse d'être : *que pouvons-nous faire encore ?* et devient : *que faisons-nous déjà subir ?*
Rien n'est clos ici. Le vivant continuera d'être affecté tant que les logiques dominantes resteront inchangées. Mais ce qui peut rester ouvert, c'est la possibilité de ne plus ignorer ces effets, de les intégrer pleinement dans le discernement collectif, et de reconnaître que toute orientation juste commence par là : là où le vivant, silencieusement, dit déjà quelque chose de ce qui lui est fait.

✧5.1. Écologie et seuils planétaires

L'écologie n'est pas une option morale ajoutée à un système qui fonctionnerait déjà. Elle est la condition même de toute possibilité de continuité. Les seuils planétaires ne sont pas des abstractions scientifiques destinées à nourrir des débats d'experts ; ils sont les limites concrètes au-delà desquelles les équilibres qui soutiennent le vivant se défont.
Parler de seuils, c'est parler de points de bascule. Des points où l'accumulation d'effets devient irréversible. Là où les ajustements

marginaux ne suffisent plus. Là où le système change de régime. Ces seuils ne sont pas négociables. Ils ne cèdent ni à l'optimisation ni à la volonté politique. Ils s'imposent.

Le numérique et les infrastructures techniques contemporaines s'inscrivent pleinement dans cette réalité. Contrairement au récit d'une dématérialisation, chaque flux numérique repose sur une matérialité lourde : centres de données, réseaux, câbles, satellites, extraction minière, consommation énergétique continue. Le virtuel a un poids écologique réel.

Cette matérialité est souvent tenue à distance du regard. Elle est spatialement déplacée, fragmentée, invisibilisée. Les usages quotidiens donnent l'impression d'une légèreté : un clic, un message, un calcul. Mais ces gestes apparemment anodins s'additionnent. Ils forment une intensité permanente qui sollicite les systèmes énergétiques au-delà de leur capacité de régénération.

Les seuils planétaires rappellent une évidence oubliée : la Terre n'est pas extensible. L'énergie, les matières premières, les capacités d'absorption des déchets ont des limites. Toute technologie qui présuppose une croissance infinie de ses usages entre en contradiction directe avec ces limites.

Cette contradiction n'est pas théorique. Elle se manifeste déjà par l'accélération du réchauffement climatique, la perte de biodiversité, la perturbation des cycles de l'eau, la dégradation des sols. Ces phénomènes ne sont pas isolés. Ils forment un ensemble cohérent de signaux indiquant que plusieurs seuils sont en cours de franchissement.

Dans ce contexte, continuer à penser la coopération humain–machine sans intégrer les seuils planétaires revient à déplacer le problème. L'efficacité technique devient alors une fuite en avant. Elle améliore localement certains processus tout en aggravant globalement les déséquilibres.

Le vivant est affecté à plusieurs niveaux. Les milieux naturels se transforment. Les conditions de vie se fragilisent. Les sociétés humaines doivent s'adapter à des environnements de plus en plus instables. Les décisions techniques, lorsqu'elles ignorent ces effets systémiques, participent à cette instabilité.

Reconnaître les seuils planétaires impose un changement de cadre. Il ne s'agit plus d'optimiser à l'intérieur d'un système donné, mais de questionner la soutenabilité du système lui-même. Certaines pratiques, certains usages, certaines infrastructures doivent être interrogés non pas pour leur performance, mais pour leur compatibilité avec les limites du vivant.

Cette interrogation est inconfortable. Elle remet en cause des modèles économiques, des habitudes de consommation, des récits de progrès. Elle oblige à poser la question du *trop*. Trop de flux. Trop de données. Trop de connexions. Trop de sollicitations. Le vivant, lui, ne fonctionne pas sur un mode d'addition illimitée.

Les seuils planétaires introduisent une logique différente : celle de la suffisance. Non pas une austérité punitive, mais une reconnaissance de ce qui est assez. Assez d'énergie pour vivre dignement. Assez de technologie pour soutenir les besoins réels. Pas assez pour épuiser les conditions mêmes de l'existence.

Cette logique entre en tension avec le régime actuel du numérique, fondé sur l'expansion continue des usages. Plus de données, plus de calculs, plus de services, plus de vitesse. Ce régime ne connaît pas spontanément de limites internes. Il est structurellement expansif.

C'est pourquoi l'écologie ne peut pas être traitée comme un correctif extérieur. Elle doit devenir un critère central d'orientation. Ce qui dépasse les seuils planétaires ne peut pas être considéré comme un progrès, même s'il est innovant, rentable ou performant.

Cette orientation demande un discernement collectif. Elle ne peut pas être laissée aux seuls mécanismes du marché ou à l'autorégulation technique. Les seuils planétaires ne sont pas intégrés spontanément dans les logiques d'optimisation. Ils demandent une décision politique et éthique.

Dans la coopération humain–machine, cela implique de poser des limites explicites. Limiter certains usages. Ralentir certaines intensités. Refuser certaines applications lorsque leur coût écologique est disproportionné par rapport à leur utilité réelle. Ces choix ne sont pas techniques ; ils sont civilisationnels.

Le discours sur l'innovation verte ou l'efficacité énergétique ne suffit pas à lui seul. Les gains d'efficacité sont souvent compensés par une augmentation des usages. C'est le paradoxe bien connu où l'amélioration technique conduit à une consommation globale accrue.

Sans régulation des volumes, l'optimisation ne réduit pas l'impact ; elle le déplace.

Les seuils planétaires rappellent que la question centrale n'est pas seulement *comment faire mieux*, mais *combien*. Combien de flux est soutenable. Combien de calculs sont nécessaires. Combien de connexions peuvent être maintenues sans déséquilibrer les milieux.

Cette question du *combien* est rarement posée, car elle touche à des renoncements. Elle oblige à reconnaître que tout ce qui est possible n'est pas souhaitable. Elle introduit une hiérarchie des usages, et donc des choix collectifs.

L'écologie des seuils planétaires ne s'oppose pas à la technologie. Elle s'oppose à la démesure. Elle appelle à une technologie située, consciente de ses effets, ajustée aux capacités de la biosphère. Une technologie qui accepte de ne pas tout faire.

Cette acceptation est difficile dans un monde où la puissance technique est devenue un marqueur de réussite. Pourtant, elle est nécessaire. Continuer à ignorer les seuils, c'est déplacer les coûts sur les générations futures et sur les populations les plus vulnérables.

Le vivant n'a pas de voix institutionnelle. Il ne vote pas. Il ne négocie pas. Il répond par des perturbations. Les seuils planétaires sont cette réponse. Ils signalent que les conditions de possibilité sont en train de se dégrader.

Intégrer ces signaux dans le discernement humain est une responsabilité majeure. Cela implique de revoir les priorités, de ralentir certaines dynamiques, de repenser la notion même de développement. Non plus comme une expansion quantitative, mais comme une qualité de relation au monde.

Dans cette perspective, la coopération humain–machine ne peut être orientée vers le bien commun que si elle s'inscrit dans le respect des seuils planétaires. Toute coopération qui accélère leur franchissement est, par définition, désaccordée du vivant.

Ce constat n'appelle pas un pessimisme paralysant. Il appelle une lucidité active. Une capacité à regarder les effets réels des choix technologiques et à ajuster les trajectoires avant que les points de bascule ne soient irréversibles.

Lorsque les seuils sont déjà franchis, il ne s'agit plus d'optimiser, mais de réparer, d'ajuster, de limiter les dommages. Lorsqu'ils ne le sont pas encore, l'enjeu devient de prévenir, de ralentir, de contenir.
Cette double exigence — réparation et prévention — redéfinit la notion même de progrès. Progresser ne consiste plus à aller toujours plus loin, mais à apprendre à demeurer dans des limites habitables. Cette sagesse n'a rien d'archaïque. Elle est profondément contemporaine.
Rien n'est clos ici. Les seuils planétaires continueront d'imposer leurs contraintes, que nous les reconnaissions ou non. Ce qui peut rester ouvert, en revanche, c'est la possibilité de faire de ces seuils non des murs contre lesquels se briser, mais des repères pour réorienter nos coopérations, nos technologies et nos modes de vie vers une continuité respectueuse du vivant.
Ces seuils rappellent que le vivant ne peut être sollicité indéfiniment sans conséquences. Cette réalité ne concerne pas seulement des écosystèmes lointains ou des équilibres globaux : elle traverse aussi les organisations humaines les plus ordinaires.
Dans le travail tertiaire, l'impact n'est pas toujours visible à l'échelle de la matière. Il se manifeste dans les corps et les esprits. La pression continue, l'intensification des flux informationnels, l'absence de véritables pauses produisent une fatigue cognitive diffuse, analogue — à une autre échelle — à l'épuisement des milieux naturels.
Les seuils franchis ne sont plus géographiques. Ils deviennent intérieurs.

✧5.2. Travail tertiaire et fatigue cognitive

Le tertiaire n'est pas en crise au sens classique. Il fonctionne. Il produit. Il s'étend même. Et pourtant, quelque chose s'y épuise. Une fatigue diffuse, difficile à localiser, traverse les métiers de la connaissance, de la relation, de la coordination. Ce n'est pas une fatigue du corps au sens industriel. C'est une fatigue de l'attention, du jugement, de la disponibilité mentale.
Le travail tertiaire repose de plus en plus sur la mobilisation continue de fonctions cognitives : analyser, décider, arbitrer, communiquer, s'adapter. Ces fonctions étaient autrefois sollicitées de manière

intermittente. Elles sont désormais requises en permanence. Le travail n'a plus de temps faible.
Cette intensification ne se traduit pas toujours par une augmentation visible du temps de travail. Elle se manifeste par une densification. Les journées sont pleines, non de gestes répétitifs, mais de micro-décisions, d'interruptions, de sollicitations simultanées. Le cerveau est constamment engagé, rarement au repos.
La fatigue cognitive ne ressemble pas à l'épuisement physique. Elle est plus insidieuse. Elle se manifeste par une difficulté à se concentrer, une perte de clarté, une irritabilité diffuse, une impression de saturation. Elle n'est pas toujours reconnue comme une fatigue légitime, car elle ne laisse pas de trace visible.
Cette fatigue est accentuée par les outils numériques censés la soulager. Les plateformes, les messageries, les interfaces promettent une meilleure organisation, une fluidité accrue. En réalité, elles multiplient les points d'entrée. Elles fragmentent l'attention. Elles rendent le travail omniprésent.
Le télétravail, largement normalisé, a renforcé ce phénomène. Il a offert une flexibilité réelle, au prix d'une porosité accrue entre les temps. Le lieu de travail s'est déplacé sans que les seuils symboliques soient réinventés. L'activité s'infiltre dans les espaces de repos. La déconnexion devient un effort.
Dans ce contexte, le tertiaire ne disparaît pas. Il se reconfigure. Certaines tâches sont automatisées, d'autres augmentées, d'autres encore rendues invisibles. Le travail humain se déplace vers ce qui résiste le plus à l'automatisation : la coordination, la relation, la gestion de l'imprévu.
Or ce déplacement a un coût. Ces fonctions demandent une présence fine, un discernement, une capacité à tenir des tensions. Exercées dans un environnement accéléré, elles deviennent épuisantes. Le vivant est sollicité au-delà de ses seuils.
La question de l'emploi tertiaire ne se pose donc pas seulement en termes de disparition de postes. Elle touche à la qualité du travail, et à la capacité humaine de le soutenir dans la durée. Un emploi qui subsiste tout en érodant la santé mentale demeure fragile.
Les discours sur la fin du travail ou sur un chômage massif lié à l'automatisation simplifient la réalité. L'enjeu n'est pas uniquement la

raréfaction de l'emploi, mais une recomposition profonde de ce que signifie travailler. Certaines fonctions s'effacent, d'autres émergent, tandis que le régime d'attention, lui, reste inchangé.
Dans ce paysage, l'idée d'un revenu universel réapparaît régulièrement. Elle est souvent présentée comme une réponse à la disparition de l'emploi. Pourtant, l'hypothèse mérite d'être déplacée. Le revenu universel ne répond pas seulement à une question de quantité, mais à une question de soutenabilité humaine.
Si le travail tertiaire exige une mobilisation cognitive continue, alors la question devient : combien de temps un individu peut-il soutenir ce régime sans se dégrader ? Le revenu universel peut être compris comme une tentative de desserrer cette contrainte, de redonner des marges, de permettre des respirations.
Cependant, sans transformation du régime de travail lui-même, cette mesure resterait partielle. Elle pourrait coexister avec un monde toujours plus intensif, créant une dualité entre ceux qui peuvent se retirer et ceux qui demeurent pris dans l'intensité.
La fatigue cognitive n'est pas un problème individuel. Elle est le symptôme d'un environnement mal ajusté aux capacités humaines. La traiter uniquement par des solutions personnelles — gestion du stress, optimisation de soi, résilience — revient à déplacer la responsabilité.

Ce déplacement est déjà à l'œuvre. Les travailleurs sont invités à mieux s'organiser, à mieux se protéger, à mieux se déconnecter. Mais ces injonctions entrent en contradiction avec des systèmes qui exigent une disponibilité constante. Le vivant est sommé de compenser ce que le système produit.
Dans le tertiaire, cette contradiction devient structurelle. Le travail repose sur des qualités humaines — attention, écoute, discernement — qui s'altèrent précisément lorsqu'elles sont sollicitées sans limite. Plus on en demande, moins elles sont disponibles.
Ce paradoxe est rarement nommé. Il est recouvert par des discours sur l'agilité, l'innovation, la performance. Pourtant, il traverse déjà les organisations : turnover élevé, burn-out, désengagement silencieux, perte de sens. Le vivant se retire là où il est trop sollicité.
Ce qui se joue dans le tertiaire n'est donc pas seulement une question d'emploi, mais une question de forme de vie. Travailler ne consiste plus

seulement à produire, mais à rester continuellement mobilisé. Cette mobilisation permanente est incompatible avec les rythmes du vivant.
Les choix à venir seront déterminants. Soit le tertiaire continue à s'intensifier, soutenu par des outils toujours plus performants, au prix d'une érosion humaine croissante. Soit il est réorienté vers des formes de travail qui reconnaissent les seuils cognitifs, la nécessité de la pause, la valeur du temps non productif.
Cette réorientation ne se fera pas spontanément. Elle demande des décisions politiques, organisationnelles, culturelles. Elle demande de reconnaître que la fatigue cognitive est un signal, non un défaut individuel. Un signal indiquant que le régime de travail a dépassé un seuil.
Dans ce cadre, les débats sur le revenu universel, la réduction du temps de travail ou la reconnaissance du travail invisible prennent un autre sens. Ils ne répondent pas d'abord à une pénurie d'emplois, mais à une surcharge du vivant.
Le tertiaire de demain n'est pas condamné. Il se trouve cependant à un point de bascule. Continuer d'ignorer la fatigue cognitive revient à accepter une érosion progressive des capacités humaines qui rendent ce travail possible. La technologie peut soutenir ces activités, toutefois elle ne peut se substituer à la présence sans en altérer la qualité.
Rien n'est clos ici. Le travail tertiaire est déjà en transformation. Les choix faits aujourd'hui — en matière d'organisation, de reconnaissance, de limites — détermineront s'il devient un espace de contribution soutenable ou un lieu d'usure généralisée. Une chose demeure certaine : le vivant ne pourra pas absorber indéfiniment l'intensité actuelle sans signaler, de plus en plus nettement, qu'un réajustement est nécessaire.
La fatigue cognitive ne tient pas seulement à la charge des tâches, mais aux conditions dans lesquelles elles s'inscrivent. Lorsque le travail se détache des lieux partagés et se disperse dans des espaces fragmentés, le rapport au temps et aux autres se modifie.
Le télétravail accentue cette dynamique : les frontières s'estompent, les rythmes se superposent, et les temps de repos deviennent perméables aux sollicitations professionnelles. Ce qui se gagne en flexibilité peut se payer en isolement. La continuité des jours se fragmente à nouveau, non plus par excès de présence, mais par absence de séparation.

✧5.3. Télétravail, isolement et porosité des temps

Le télétravail s'est imposé comme une évidence fonctionnelle. Il a d'abord répondu à une nécessité, puis s'est installé comme une norme possible, parfois souhaitée. Il a apporté de la souplesse, réduit certains déplacements, offert une autonomie relative. Pourtant, cette autonomie apparente a déplacé des frontières sans toujours les réinventer. Le télétravail n'a pas seulement changé le lieu du travail : il l'a inscrit dans un réseau qui ne connaît pas le repos.

La première transformation est spatiale. L'activité professionnelle s'est mêlée à l'espace domestique. Cette fusion a pu être vécue comme un soulagement pour certains, comme une contrainte pour d'autres. Dans tous les cas, elle a brouillé les repères symboliques. La séparation entre le temps du travail et celui de la vie personnelle s'est affaiblie.

Or cette séparation n'était pas qu'une convention sociale. Elle jouait un rôle régulateur. Elle permettait au corps et à l'attention de changer de régime, de passer d'un rythme à un autre. Lorsque ce passage disparaît, le travail tend à se prolonger. Non par injonction explicite, mais par glissement : on répond plus tard, on anticipe plus tôt, on demeure disponible. La porosité des temps ne se manifeste pas toujours par une augmentation formelle des heures travaillées. Elle apparaît plutôt comme une présence mentale continue. Le travail devient un fond permanent. Même lorsque l'on s'arrête, il demeure en arrière-plan. Même dans le repos, l'interruption reste possible. Cette disponibilité latente est énergivore.

Internet rend le télétravail possible, mais il impose aussi un régime de continuité qui déborde largement la capacité du vivant. Le travail, une fois inscrit dans ce réseau, adopte ses propriétés : instantanéité, accessibilité permanente, circulation ininterrompue. Le vivant, lui, fonctionne par alternance, par seuils, par cycles de présence et de retrait. Cette dissymétrie crée une tension constante.

Le télétravail intensifie ainsi la mobilisation cognitive. L'attention doit sans cesse se reconfigurer : passer d'un appel à un message, d'une tâche à une autre, d'un registre professionnel à un registre intime. Ces transitions rapides sollicitent des ressources que le vivant ne peut pas renouveler indéfiniment.

L'isolement est l'autre face de cette porosité. Travailler à distance réduit les interactions informelles, les ajustements implicites, les moments de présence partagée qui ne sont pas immédiatement productifs. Ces moments, souvent jugés secondaires, jouent pourtant un rôle essentiel dans la régulation émotionnelle et relationnelle.

Sans eux, le travail devient plus fonctionnel, mais plus sec. Les échanges sont orientés vers l'objectif. Ils laissent moins de place à l'expression des tensions, des doutes, des désaccords mineurs qui, en présentiel, se régulent souvent d'eux-mêmes. L'isolement n'est pas seulement physique ; il est relationnel.

Cet isolement peut être masqué par une intensification des communications formelles. Plus de réunions, plus de messages, plus de notifications. Mais cette intensité ne remplace pas la qualité de la présence. Elle peut même l'éroder, en saturant l'attention sans nourrir le lien.

Le télétravail modifie également la perception de la reconnaissance. En l'absence de visibilité directe, le travail tend à être évalué à travers des indicateurs, des livrables, des réponses rapides. Ce qui ne se voit pas se fragilise. Le travail invisible — réflexion, maturation, soutien informel — perd en légitimité.

Cette perte de reconnaissance accentue la fatigue. Le vivant a besoin de sentir que ce qu'il donne est reçu. Lorsque l'effort n'est pas reconnu, même s'il est réel, il devient plus coûteux. Le télétravail, lorsqu'il est mal encadré, peut accentuer ce décalage entre investissement et reconnaissance.

La porosité des temps affecte aussi la capacité à se retirer. Le repos n'est plus un état clairement distinct. Il devient une pause fragile, toujours susceptible d'être interrompue. Cette fragilité empêche la récupération profonde. Le corps se repose, mais l'attention reste en alerte.

Ce régime d'alerte permanente est incompatible avec les rythmes du vivant. Il peut être soutenu temporairement, mais il érode à long terme. Les signes apparaissent progressivement : troubles du sommeil, irritabilité, perte de concentration, sensation de dispersion. Ces signaux sont souvent interprétés comme des difficultés individuelles, alors qu'ils sont systémiques.

Le télétravail n'est pas en cause en tant que tel. Ce sont les conditions de son déploiement qui posent question. Lorsqu'il est pensé uniquement en termes d'efficacité et de flexibilité, il ignore les besoins de régulation. Lorsqu'il est intégré dans une éthique du vivant, il peut au contraire offrir des marges précieuses.
Ces marges supposent des limites explicites. Des temps de déconnexion reconnus. Des plages sans sollicitation. Des rythmes respectés. Sans ces limites, la flexibilité devient une contrainte diffuse. Elle exige une auto-régulation constante, coûteuse pour le vivant.
L'isolement du télétravail affecte également la construction du collectif. Le sentiment d'appartenance se fragilise lorsque les interactions sont essentiellement médiées. Le collectif devient une abstraction. Il existe dans les outils, mais moins dans l'expérience vécue.
Cette fragilisation a des effets sur la capacité à coopérer. La coopération ne repose pas seulement sur des processus. Elle repose sur une confiance qui se tisse dans la durée, par des interactions répétées, souvent informelles. Lorsque ces interactions se raréfient, la coopération devient plus fragile.
Le télétravail accentue enfin les inégalités. Tous les environnements domestiques ne sont pas équivalents. Tous les corps ne réagissent pas de la même manière à l'isolement. Certains trouvent dans le télétravail un équilibre. D'autres y vivent une désaffiliation progressive. Cette diversité des expériences est souvent peu prise en compte.
La porosité des temps touche aussi à l'identité. Lorsque le travail s'infiltre partout, il devient plus difficile de se situer en dehors de lui. Le risque n'est pas seulement l'épuisement, mais une réduction de l'horizon de vie. Le travail occupe l'espace mental au détriment d'autres formes d'existence.
Dans ce contexte, la question n'est pas de revenir à un modèle antérieur, ni de sanctuariser le présentiel. Elle est de reconnaître que le télétravail modifie en profondeur les conditions de vie, et que ces modifications demandent un discernement collectif.
Ce discernement doit porter sur les seuils. Combien de jours à distance sont soutenables ? Quels temps doivent rester protégés ? Quelles formes de présence sont nécessaires pour maintenir le lien ? Ces questions ne peuvent pas être laissées à l'ajustement individuel.

Sans réponse collective, la porosité des temps continuera de s'étendre. Le travail colonisera des espaces toujours plus larges. Le vivant s'adaptera, certes, mais à un coût croissant. Cette adaptation silencieuse est déjà à l'œuvre.
Reconnaître ces effets ne revient pas à condamner le télétravail. Il s'agit plutôt de le situer : le penser comme une modalité parmi d'autres, nécessitant des règles, des seuils, une attention aux conséquences. Sans cette vigilance, ce qui était présenté comme un progrès peut devenir une source d'érosion.
Rien n'est clos ici. Le télétravail continuera d'évoluer, porté par les technologies et les attentes sociales. Ce qui peut rester ouvert, en revanche, c'est la possibilité de le réinscrire dans une écologie des temps et des relations. Une écologie qui reconnaît que la présence ne se mesure pas en connexions, et que le vivant a besoin de frontières pour demeurer habitable.
Lorsque les temps et les espaces de travail deviennent poreux, le cadre protecteur du collectif se fragilise. L'isolement rend plus difficile la mise en commun des expériences, la contestation des décisions, la reconnaissance des situations singulières.
Dans ce contexte, l'introduction de dispositifs de décision automatisée agit comme un accélérateur. Ce qui était déjà affaibli — la capacité à discuter, à négocier, à contextualiser — se trouve recouvert par des évaluations standardisées. La précarisation ne vient alors pas seulement des outils eux-mêmes, mais du croisement entre isolement, automatisation et perte de médiation humaine.

✧5.4. Décision automatisée et précarisation

La décision automatisée ne s'annonce pas comme une rupture. Elle se présente sous la forme d'une amélioration : plus rapide, plus cohérente, plus équitable en apparence. Elle promet de réduire les biais humains, de sécuriser les choix, d'harmoniser les traitements. À ce titre, elle répond à une attente réelle : celle d'un monde plus prévisible, moins arbitraire.
Pourtant, cette promesse s'accompagne d'un déplacement silencieux. La décision ne disparaît pas ; elle change de régime. Elle cesse d'être portée par une relation identifiable pour devenir l'aboutissement d'un

enchaînement de règles, de calculs et de modèles. Elle existe, mais elle ne répond plus.

Ce glissement transforme profondément l'expérience de ceux qui en subissent les effets. Lorsqu'une orientation professionnelle, une évaluation, un accès à des droits ou une continuité d'activité est déterminé automatiquement, l'individu ne rencontre plus une instance capable d'entendre sa situation singulière. Il se heurte à une sortie de système.

Cette sortie peut être justifiée. Elle peut être conforme. Elle peut même être statistiquement pertinente. Elle demeure néanmoins sans adresse.

La précarisation commence souvent là. Non seulement dans la perte matérielle, mais dans la perte de relation. Ne pas pouvoir dire, ne pas pouvoir expliquer, ne pas pouvoir être entendu transforme une décision en verdict. La trajectoire se ferme sans dialogue.

La décision automatisée repose sur des critères. Ces critères sont présentés comme objectifs. Pourtant, ils sont toujours le fruit de choix antérieurs : ce qui est mesuré, ce qui est valorisé, ce qui est laissé hors champ.La neutralité est une fiction fonctionnelle. Elle masque une hiérarchie implicite des valeurs.

Lorsque ces critères sont intégrés dans des systèmes automatisés, ils deviennent plus difficiles à contester. Ils sont stabilisés, répétés, appliqués à grande échelle. Ce qui relevait autrefois d'un arbitrage situé devient une norme silencieuse. La précarité se structure.

Dans le monde du travail, cette logique est déjà active. Recrutement filtré par algorithme, notation de performance, allocation de missions, évaluation continue. Le travailleur devient un ensemble d'indicateurs. Sa trajectoire est lue à travers des données passées. Ce qu'il est en train de devenir compte moins que ce qu'il a été.

Cette lecture rétroactive pénalise les parcours discontinus, atypiques, fragiles. Elle renforce les positions déjà stabilisées et fragilise celles qui le sont moins. La précarité n'est pas créée ex nihilo ; elle est amplifiée. Elle devient plus difficile à dépasser, car elle est inscrite dans des modèles.

La décision automatisée modifie également le rapport au temps. Les décisions sont prises rapidement, parfois instantanément. Cette rapidité est présentée comme un progrès. Elle réduit l'attente, l'incertitude. Mais elle supprime aussi les temps de respiration, de négociation, de reprise. La décision tombe avant que le vivant n'ait pu s'y préparer. Cette immédiateté accentue la vulnérabilité. Lorsqu'une décision humaine est prise, il existe souvent des marges informelles : un délai, une explication, un ajustement. Dans un régime automatisé, ces marges se réduisent. Le temps du système prime sur le temps de la vie.

La précarisation prend alors une forme diffuse. Elle n'est pas toujours spectaculaire. Elle se manifeste par une instabilité permanente, par une dépendance accrue à des critères mouvants, par une difficulté à se projeter. Même lorsque l'emploi existe, il devient conditionnel. Il dépend d'indicateurs qui peuvent être recalibrés à tout moment.

Cette conditionnalité crée un climat d'insécurité. L'individu est invité à s'optimiser en permanence : améliorer son score, ajuster son profil, répondre plus vite, être plus visible. La responsabilité est déplacée. Ce n'est plus le système qui doit rendre des comptes, c'est l'individu qui doit s'adapter.

Ce déplacement est central. La décision automatisée tend à individualiser la précarité. Elle transforme des effets systémiques en manques personnels. Si la décision est négative, c'est que le profil n'était pas adéquat. Si l'opportunité n'apparaît pas, c'est que l'optimisation est insuffisante.

Cette logique est épuisante. Elle mobilise une vigilance constante. Elle entretient un état de tension durable. Le vivant est sommé de se conformer à des critères qu'il ne maîtrise pas entièrement, et dont les règles peuvent changer sans préavis.

La décision automatisée fragilise également les collectifs. Chacun est évalué séparément, comparé en continu. La coopération se transforme en compétition diffuse. La solidarité devient plus coûteuse, car elle ne rapporte pas immédiatement en termes d'indicateurs.

Dans ce climat, la précarité n'est plus seulement économique. Elle est existentielle. Elle touche le sentiment de légitimité, la capacité à se sentir à sa place, à habiter son activité sans crainte constante. Le travail cesse d'être un lieu d'inscription durable ; il devient un espace conditionnel.

Cette précarisation est renforcée lorsque les voies de recours sont opaques. Contester une décision automatisée demande du temps, des compétences, une énergie que les plus fragiles n'ont pas toujours.

Beaucoup renoncent. La décision devient irréversible de fait, même lorsqu'elle pourrait être discutée.
L'absence d'interlocuteur humain est ici déterminante. La justice ne repose pas uniquement sur la cohérence des critères, mais sur la possibilité de répondre, d'expliquer, de reconnaître une situation singulière. Sans cette possibilité, la décision devient froide, même lorsqu'elle est correcte.
Reconnaître ces effets ne signifie pas rejeter toute automatisation. Il s'agit de discerner où elle devient délétère. Là où une décision engage une trajectoire humaine, une dignité, une possibilité de continuité, l'automatisation totale pose problème. Elle prive la décision de sa dimension relationnelle.
La précarisation liée à la décision automatisée n'est pas une fatalité technologique. Elle est le résultat d'une orientation. Une autre orientation est possible, où l'automatisation soutient le jugement sans s'y substituer, où elle éclaire sans trancher, où elle laisse une place réelle à la reprise humaine.
Cette orientation demande des choix explicites. Maintenir des médiations humaines. Rendre les critères discutables. Créer des espaces de recours accessibles. Accepter que certaines décisions prennent plus de temps, parce qu'elles engagent plus que des paramètres.
Sans ces choix explicites, la décision automatisée continuera de produire une précarité silencieuse. Une précarité qui ne se voit pas toujours immédiatement, mais qui fragilise en profondeur les trajectoires, les collectifs et la confiance dans le commun.
Rien n'est clos ici. Les décisions automatisées continueront de se déployer, portées par des promesses d'efficacité et de neutralité. Ce qui peut rester ouvert, en revanche, c'est la capacité collective à refuser que la précarisation devienne le prix implicite de la délégation, et à rappeler que décider pour le vivant exige autre chose qu'un calcul : une présence, une réponse, une responsabilité assumée.
Lorsque la décision se détache des situations vécues et se mécanise, les marges de négociation se réduisent. Avec elles s'affaiblit le sentiment de pouvoir habiter son propre travail. La précarisation ne tient alors pas seulement à l'instabilité des statuts, mais à la difficulté

croissante de se reconnaître dans des cadres numériques qui tranchent sans relation.
Pourtant, le numérique n'est pas un espace à fuir. Il constitue désormais un milieu de vie, de travail et de lien. La question devient moins celle du refus que celle de l'habitation : comment demeurer présent, discernant, relié, sans se dissoudre dans des dispositifs qui tendent à neutraliser la singularité ?

✧5.4.1 — Quand l'algorithme décide sans visage

Il existe un moment particulier dans l'histoire technique contemporaine. Un moment où la décision se déplace sans bruit. Où ce qui engage une trajectoire humaine ne passe plus nécessairement par un visage, une parole, une présence. Ce déplacement n'est pas toujours spectaculaire. Il se produit souvent dans l'ordinaire, dans des procédures simples, dans des filtres invisibles, dans des recommandations automatiques.
L'algorithme n'apparaît pas comme un pouvoir déclaré. Il s'installe comme un intermédiaire. Il prétend assister, promet de simplifier, affirme soulager. Pourtant, à mesure qu'il s'intègre aux structures sociales, il devient parfois le lieu même où l'arbitrage s'opère, sans que personne n'en porte pleinement la figure. Ce qui décide n'a plus de visage. Et cela change tout. Non parce que la machine serait malveillante, mais parce que l'absence de visage transforme la responsabilité. Lorsqu'un humain décide, même imparfaitement, il demeure situé. Il répond. Il peut être interrogé. Il porte, au moins en partie, le poids de ce qu'il choisit. Lorsqu'un système automatise une sélection, une priorité, une orientation, la décision devient diffuse. Elle se distribue. Elle se dilue. Le monde continue de fonctionner. Les procédures s'enchaînent. Les résultats apparaissent. Toutefois, quelque chose se retire : la possibilité d'habiter pleinement ce qui est en jeu. Le vivant, lui, ne se laisse pas réduire à ce qui passe.
Il suffit parfois d'un dossier envoyé, d'un parcours résumé en quelques lignes, d'une candidature déposée dans un espace numérique. Avant même qu'un regard humain ne se pose, un tri s'opère. Des critères s'appliquent. Des correspondances se calculent. Certains profils franchissent le seuil. D'autres s'effacent.

Ce filtrage est présenté comme rationnel. Comme nécessaire. Trop de demandes, trop de données, trop peu de temps. La machine promet l'efficacité. Elle promet même l'équité : juger selon des règles plutôt que selon des impressions.
Pourtant, ce jugement n'est jamais sans histoire. Il repose sur des modèles, et ces modèles sont nourris de ce qui a déjà été validé. Ce qui ressemble au passé devient préférable. Ce qui bifurque devient suspect. Le vivant singulier, lui, n'entre pas toujours dans les cases.
Ainsi, l'exclusion n'est plus formulée. Elle est simplement produite. Elle ne dit pas non. Elle ne répond pas. Elle laisse hors champ.
Et l'absence devient ordinaire. Ce n'est pas seulement un problème de procédure. C'est une question de dignité. Être rencontré par un algorithme avant d'être rencontré par un humain modifie l'entrée même dans le monde social. La trajectoire devient profil. La personne devient score. Le visage se retire.
Il existe aussi des lieux où la décision touche directement la vulnérabilité. Là où le vivant n'est pas une abstraction, mais un corps qui souffre, qui espère, qui attend. La médecine est l'un de ces lieux.
Les outils d'intelligence artificielle peuvent aujourd'hui détecter des anomalies invisibles, proposer des diagnostics, hiérarchiser des urgences. Ils peuvent soutenir des choix complexes. Dans certains cas, ils sauvent. Pourtant, ici, précisément, la question du visage devient essentielle. Car le soin n'est pas seulement une décision correcte. Il est une relation. Il engage une confiance. Il engage une présence.
Un patient n'est pas un ensemble de données. Il est un récit, une peur, une nuance, un seuil.
Lorsque l'algorithme propose une priorité, il éclaire peut-être. Toutefois, il ne porte pas. Il ne répond pas. Il ne se tient pas dans l'instant. Le danger n'est pas l'erreur technique. Le danger est le glissement : celui qui conduit à s'aligner sur ce qui rassure procéduralement, à déléguer le poids du jugement à ce qui ne peut éprouver. La machine peut reconnaître des patterns. Elle ne peut sentir une présence. Et ce qui manque n'est pas l'information, mais le lien.
Dans d'autres espaces encore, la décision se déplace plus tôt, plus silencieusement. Dans les parcours scolaires, les évaluations, les orientations. Là où un enfant, un adolescent, un étudiant cherche sa place. Des logiciels corrigent. Des systèmes classent. Des plateformes

recommandent des trajectoires. Là encore, l'intention est souvent fonctionnelle : aider, organiser, optimiser.
Pourtant, ce qui est en jeu est plus fragile qu'un résultat. C'est un devenir. Une copie n'est pas seulement un texte. C'est un effort. Une hésitation. Une pensée en formation. Un élan parfois maladroit. Lorsque l'évaluation devient automatique, ce qui échappe au modèle est relégué. La singularité devient bruit. L'écart devient anomalie.
Or apprendre n'est pas seulement répondre juste. Apprendre, c'est traverser des seuils. L'école n'est pas un système de tri. Elle est un lieu de croissance. Et la croissance ne se laisse pas entièrement formaliser. Le visage compte ici aussi.
Enfin, il existe un territoire où l'algorithme ne décide ni d'un emploi, ni d'un diagnostic, ni d'une orientation explicite. Il décide d'un climat intérieur. Il organise l'attention. Il façonne l'humeur. Il module le rythme. Les réseaux sociaux ne se contentent pas de montrer. Ils ordonnent. Ils recommandent. Ils hiérarchisent. Ils apprennent ce qui retient, ce qui capte, ce qui déclenche. Ils construisent un environnement où l'expérience humaine devient modulable.
L'utilisateur croit choisir. Il scrolle. Il clique. Il réagit. Pourtant, ce champ de choix est déjà structuré. Ce qui compte n'est ni la vérité, ni la profondeur, ni la relation : c'est la rétention.
Ainsi, l'algorithme devient un architecte invisible de l'espace psychique. Il fragmente l'attention, intensifie les affects, produit une fatigue diffuse : celle d'être constamment sollicité. Le vivant est affecté ici non par violence frontale, mais par saturation.
Habiter le numérique sans s'y dissoudre devient alors un enjeu vital.
Ces scènes ne relèvent pas de l'exception. Elles dessinent un monde où la décision se déplace. Où l'automatisation devient environnement. Où l'humain risque de se retirer, non par choix explicite, mais par confort, par vitesse, par habitude. Et c'est ici que surgit un point de friction plus profond.
Car ce retrait est souvent recouvert par une idée implicite : celle d'un progrès neutre. D'une optimisation bénéfique. D'un monde rendu plus efficace. Or le vivant ne se réduit pas à l'efficacité.
L'amour lui-même est parfois mal compris dans ce contexte. On le confond avec une douceur vague, une neutralité sans discernement, une absence de tension. Pourtant, aimer n'est pas lisser. Aimer, ici,

consiste à tenir ce qui échappe, à refuser que le hors champ devienne négligeable. L'amour n'est pas un filtre. Il est une ouverture. Il ne trie pas selon des critères préalables. Il accepte d'être déplacé par ce qui surgit.
Reconnaître cela demande une lucidité particulière. Non une expertise supplémentaire, mais une présence : la capacité à sentir ce qui se perd lorsque la décision devient sans visage.
La parole joue alors un rôle essentiel. Ce que la machine ne peut percevoir peut être porté par le langage. Nommer une fatigue. Formuler un doute. Avouer une limite. Une parole qui ne cherche pas l'efficacité, mais la justesse du lien.
Ce déplacement n'offre pas de solution immédiate. Il ouvre un espace où la technique retrouve sa place : non comme arbitre silencieux, mais comme outil situé. Un outil qui soutient sans se substituer, qui amplifie sans gouverner.Il devient alors possible de sentir que la question n'est pas seulement technique. Elle est anthropologique. Elle touche à la manière dont une société distribue l'autorité, définit ce qui compte, décide de ce qui mérite d'être vu.
Car une machine ne décide jamais seule. Elle opère dans un cadre. Elle applique une architecture. Elle exécute des choix déjà déposés dans ses structures. Ce qui apparaît comme automatique repose toujours sur des sélections préalables : ce qui est retenu, ce qui est pondéré, ce qui est laissé hors champ.
Ainsi, l'algorithme n'est pas un autre. Il est un miroir organisé. Et ce miroir révèle une évidence : ce qui n'entre pas dans la mesure risque de perdre en existence sociale.
Ce déplacement n'est pas nouveau. Il prolonge une histoire plus ancienne, celle d'un monde où la rationalisation tend à recouvrir la relation, où la procédure tend à remplacer la présence. Certains penseurs ont nommé ce glissement, non pour condamner la technique, mais pour rappeler qu'un objet technique n'est jamais neutre. Il porte une vision du monde. Il inscrit des priorités. Il façonne des gestes.
Ce qui est en jeu, alors, n'est pas la machine en elle-même, mais la manière dont l'humain se tient face à elle.
Dans le recrutement, par exemple, le tri algorithmique est souvent présenté comme un gain de temps. Pourtant, ce qu'il transforme silencieusement, c'est la manière dont une trajectoire est reconnue.

Une trajectoire humaine est faite de ruptures, de bifurcations, de reprises. Elle contient des zones d'ombre, des recommencements, des écarts. Or le système privilégie la continuité statistique. Il valorise ce qui ressemble à ce qui a déjà été validé. Le vivant, lui, ne ressemble pas toujours.
Ainsi, une personne peut être écartée sans que personne n'ait décidé explicitement de l'écarter. Elle disparaît dans un filtrage préalable. Elle n'est pas refusée. Elle n'est pas rencontrée. Ce qui se perd ici n'est pas seulement une opportunité. C'est la possibilité même d'un seuil humain : celui où une parole aurait pu ouvrir, où un regard aurait pu accueillir, où une singularité aurait pu compter. Le danger n'est pas que l'algorithme se trompe. Le danger est que la société cesse de reconnaître la valeur de ce qui ne se laisse pas optimiser. Dans la médecine, la scène est encore plus fragile, car ici la décision touche au corps vulnérable.
L'intelligence artificielle peut assister le diagnostic. Elle peut repérer des anomalies. Elle peut proposer une priorité. Elle peut soutenir des choix complexes. Pourtant, le soin ne se réduit jamais à une probabilité. Un patient n'est pas une donnée. Il est un être traversé par une histoire, une peur, une confiance incertaine. Il est un sujet au seuil. Lorsque la machine devient centrale, le risque n'est pas seulement l'erreur. Le risque est le déplacement de l'autorité : le médecin peut se sentir couvert, rassuré, guidé. La responsabilité se fragmente. Or soigner n'est pas seulement décider correctement. Soigner, c'est tenir une relation où le patient demeure un sujet, non un cas optimisé. La machine peut éclairer. Elle ne peut porter. Ce qui manque n'est pas l'information. Ce qui manque est la présence.
Dans l'école, l'automatisation agit d'une manière plus discrète encore. Elle s'installe dans les évaluations, les orientations, les parcours recommandés. Une copie corrigée par un logiciel semble objective. Un parcours proposé par un système semble rationnel. Pourtant, apprendre n'est pas seulement répondre juste. Apprendre, c'est traverser. Un enfant hésite. Un adolescent cherche. Une pensée se forme lentement. La singularité n'est pas un bruit : elle est le lieu même du devenir. Lorsque l'évaluation devient automatique, ce qui échappe au modèle est relégué. L'écart devient anomalie. La nuance devient imprécision.

L'école risque alors de perdre quelque chose de fondamental : non la rigueur, mais l'accueil du vivant en croissance. Former n'est pas optimiser. Former, c'est ouvrir. Les réseaux sociaux, enfin, sont peut-être le laboratoire le plus massif de cette décision sans visage. Ici, l'algorithme ne tranche pas explicitement une trajectoire. Il organise un climat intérieur. Il façonne l'attention. Il module l'humeur. Ce que l'utilisateur voit n'est pas neutre. Ce qu'il ressent n'est pas spontané. Ce qui circule est déjà trié. La machine apprend ce qui retient, ce qui choque, ce qui excite, ce qui fait réagir. Elle ne cherche pas la vérité. Elle cherche la captation.

Ainsi, l'espace social devient un espace affectif modulé. Le vivant est affecté ici non par violence directe, mais par saturation. Une fatigue diffuse s'installe : celle d'être constamment sollicité, fragmenté, tiré hors de soi. Habiter le numérique sans s'y dissoudre devient une question vitale.

Ces quatre scènes dessinent un même déplacement : l'algorithme devient médiateur de gestes fondamentaux. Accéder au travail, être soigné, apprendre, orienter son attention. Ce déplacement n'est pas un complot. Il est un glissement. Et c'est ici que surgit le point de friction le plus profond : lorsque la décision devient sans visage, le vivant risque de perdre son lieu d'adresse. Car une décision humaine, même imparfaite, peut être portée. Elle peut être discutée. Elle peut être assumée. Une décision algorithmique, elle, est souvent vécue comme un résultat, un output, une évidence.

Le silence devient structure. C'est là que l'amour est souvent mal compris. On imagine parfois que l'amour serait une douceur vague, un supplément d'âme opposé à la rationalité. Or l'amour, dans ce contexte, n'est pas une émotion décorative. Il est une vigilance. Aimer, ici, consiste à ne pas abandonner au silence ce qui ne se laisse pas mesurer. Aimer, c'est tenir ensemble ce qui est quantifiable et ce qui demeure irréductible.

L'amour n'est pas un filtre. Il est une ouverture. Il accepte d'être déplacé par ce qui surgit. La parole joue alors un rôle central. Ce que la machine ne peut percevoir peut être porté par le langage. Nommer une fatigue. Formuler un doute. Avouer une limite. Non pour convertir en données ce qui échappe, mais pour lui redonner statut dans la décision. Lorsque la parole retrouve cette fonction, elle réintroduit dans le monde automatisé ce qui risquait d'en être exclu : le corps, la relation, le contexte, le sens vécu. Elle ne remplace pas les systèmes. Elle les encadre. Ce déplacement du regard transforme notre rapport à la technique. La machine cesse d'apparaître comme un regard totalisant. Elle redevient une perspective située : puissante, bornée, précieuse, insuffisante. La reconnaître ainsi ne diminue pas sa portée. Cela la remet à sa place.

Dans cet espace réajusté, quelque chose devient possible : coopérer sans se déposséder, tenir un seuil où l'humain demeure porteur de sens, où la décision retrouve un visage, où la technique reste un outil, non une autorité silencieuse.

Alors une autre question s'ouvre, plus intime encore. Non plus seulement celle de la décision, mais celle du milieu. Car le numérique n'est plus un simple instrument extérieur. Il est devenu un espace d'habitation. Un climat. Un rythme. Une présence diffuse dans laquelle nos gestes, nos liens, notre attention prennent forme.

Dès lors, l'enjeu n'est pas uniquement de savoir ce que les machines font, mais comment nous demeurons vivants à l'intérieur de ce monde automatisé. Comment ne pas nous dissoudre dans le flux. Comment préserver des lieux de continuité, de silence, de respiration.

Habiter le numérique sans s'y perdre devient alors une pratique du vivant. Une manière de rester en relation, sans abandonner la présence. Une manière de traverser la technique sans laisser la technique décider de notre manière d'être. C'est vers cette habitation intérieure que s'ouvre maintenant la section suivante.

✧5.5. Habiter le numérique sans s'y dissoudre

Le numérique n'est plus un outil extérieur que l'on utiliserait ponctuellement. Il est devenu un milieu. Il structure les échanges, organise les temporalités, façonne les attentes. On n'entre plus dans le numérique : on y vit déjà. La question n'est donc plus de savoir s'il faut l'accepter ou le refuser, mais comment l'habiter sans perdre ce qui permet encore de se tenir vivant.

Habiter suppose une relation. Ce n'est pas occuper un espace de manière fonctionnelle, mais y trouver des repères, des seuils, des possibilités de retrait. Or le numérique contemporain est conçu pour abolir les seuils. Il privilégie la continuité, la disponibilité permanente,

la circulation fluide. Ce régime entre en tension avec les besoins du vivant, qui ne peut se maintenir sans alternance.
La dissolution commence rarement par un excès visible. Elle s'installe par une présence diffuse. Le numérique accompagne chaque geste, chaque décision, chaque relation. Il devient un fond permanent. Cette omniprésence n'est pas violente en elle-même. Elle est confortable, efficace, rassurante. Mais elle réduit progressivement les zones de silence, d'errance, de lenteur.
Habiter le numérique sans s'y dissoudre exige d'abord de reconnaître cette transformation. Reconnaître que le numérique n'est pas neutre. Qu'il oriente les comportements, qu'il sollicite l'attention, qu'il propose une certaine manière d'être au monde. Tant que cette influence reste implicite, elle agit sans résistance.
La dissolution se manifeste lorsque l'attention n'a plus de lieu où se reposer. Lorsque chaque interstice est comblé. Lorsque le vide devient inconfortable. Le vivant a besoin de ces espaces non occupés pour se régénérer. Le numérique, tel qu'il est conçu aujourd'hui, tend à les éliminer.
Habiter suppose aussi une capacité à sortir. Un lieu habitable est un lieu que l'on peut quitter sans s'effondrer. Or la dépendance au numérique rend cette sortie de plus en plus difficile. Déconnexion, ralentissement, retrait partiel sont souvent vécus comme des pertes, des risques, des mises en danger symboliques.
Cette difficulté n'est pas seulement individuelle. Elle est sociale. Le numérique organise l'accès à l'information, aux relations, aux opportunités. S'en retirer partiellement peut signifier se rendre invisible. La dissolution devient alors une condition d'appartenance.
Dans ce contexte, la question n'est pas de prôner une sobriété héroïque ou un retrait radical. Elle est de savoir comment maintenir une présence humaine dans un milieu qui tend à absorber toute présence. Comment rester sujet là où tout invite à devenir flux.
Habiter le numérique, c'est introduire des seuils là où il n'y en a pas. Des seuils de temps, de disponibilité, d'exposition. Ces seuils ne sont pas des barrières rigides. Ils sont des repères vivants, ajustables, mais reconnus. Sans eux, la continuité devient envahissante.
Ces seuils ne peuvent pas reposer uniquement sur la volonté individuelle. L'auto-régulation permanente est coûteuse. Elle exige une

vigilance constante, une résistance silencieuse. Le vivant finit par céder. Habiter suppose une reconnaissance collective de ces limites.
La dissolution se manifeste également par une réduction de la parole. Le numérique favorise l'expression rapide, fragmentée, réactive. Il laisse moins de place à la parole qui cherche, qui hésite, qui se déploie dans le temps. Or cette parole est essentielle pour maintenir une relation vivante au monde.
Lorsque la parole se réduit à des signaux, à des réactions, à des données, le rapport à soi et aux autres se simplifie. La complexité devient un obstacle. La nuance ralentit. La profondeur est peu compatible avec la vitesse des échanges.
Habiter le numérique sans s'y dissoudre, c'est préserver des espaces où la parole peut prendre le temps de se former. Où elle n'est pas immédiatement évaluée, classée, archivée. Ces espaces sont rares. Ils doivent être défendus.
La dissolution touche aussi à l'identité. Le numérique propose des profils, des traces, des historiques. Il fixe des images de soi. Ces images peuvent être utiles, mais elles figent. Le vivant, lui, est en devenir. Il ne se laisse pas réduire à ce qui est déjà enregistré.
Lorsque l'identité numérique devient dominante, le risque est de se conformer à ce qui est visible, mesurable, reconnu par les systèmes. Ce qui échappe à cette visibilité se fragilise. La part non productive, non optimisée, non partageable est mise à distance.
Habiter, c'est accepter cette part invisible. La protéger. Ne pas chercher à tout traduire en données. Le vivant a besoin de zones d'opacité pour rester vivant. Tout rendre transparent, traçable, optimisable revient à l'exposer en permanence.
Le numérique transforme également le rapport au collectif. Il relie, toutefois il peut aussi isoler. Il multiplie les interactions, tout en diminuant parfois la densité du lien. Habiter le numérique suppose ainsi de distinguer la connexion de la relation.
La relation implique une présence engagée, une écoute, une réciprocité. Elle ne se réduit pas à un échange d'informations. Lorsque le numérique devient le médium principal, il faut redoubler d'attention pour que cette dimension ne s'efface pas.
La dissolution commence lorsque la relation se transforme en gestion : gestion des contacts, des messages, des échanges. Le vivant devient

administré. Cette administration peut être efficace, néanmoins elle appauvrit le lien.
Habiter le numérique, c'est refuser cette réduction. C'est préserver des espaces où la relation ne passe pas uniquement par des interfaces, où la présence n'est pas conditionnée par la connexion.
Une telle habitation demande un discernement constant. Non pour rejeter le numérique, mais pour le situer : reconnaître quand il soutient le vivant, et quand il l'érode. Cette orientation ne peut être automatisée. Elle relève d'une attention humaine.
Le numérique n'est pas appelé à disparaître. Il continuera de structurer les sociétés. La question est de savoir s'il deviendra un milieu habitable ou un environnement saturant. Cette direction dépend des choix collectifs, des régulations, des cultures d'usage.
Habiter sans se dissoudre implique aussi d'accepter une certaine friction : ralentir là où tout pousse à accélérer, se retirer là où tout incite à rester, consentir à dire non à certaines sollicitations. Ces gestes sont discrets, pourtant essentiels. Ils ne relèvent pas d'une morale individuelle, mais d'une écologie du vivant. Une écologie qui reconnaît que la continuité permanente n'est pas soutenable, et que la vie a besoin de discontinuités pour se maintenir.
Habiter le numérique sans s'y dissoudre, ce n'est pas trouver un équilibre parfait une fois pour toutes. C'est un ajustement continu. Une vigilance douce, ferme. Une capacité à sentir lorsque le seuil est franchi.
Rien n'est clos ici. Le numérique continuera d'évoluer, de s'intensifier, de se rendre indispensable. Ce qui peut rester ouvert, en revanche, c'est la possibilité de ne pas s'y perdre entièrement. De demeurer en relation avec le vivant — en soi, chez les autres, dans les milieux — même lorsque tout pousse à l'absorption.
Habiter, au fond, c'est cela : rester présent sans se dissoudre, engagé sans être englouti, relié sans être confondu avec le réseau. Tenir une place humaine dans un monde technique, sans renoncer à ce qui fait encore de cette place un lieu vivant.
Cette spirale n'a pas ouvert un champ nouveau. Elle a rendu visible ce qui est déjà là. Les effets ne sont ni hypothétiques ni futurs. Ils sont présents dans les corps, dans les milieux, dans les relations de travail, dans les manières d'habiter le temps et l'espace. Le vivant n'attend pas que les choix soient clarifiés pour réagir ; il réagit déjà.

Ce qui affecte le vivant n'est pas uniquement la technologie, mais la manière dont elle est déployée sans reconnaissance explicite des seuils. Accélération continue, intensification cognitive, porosité des temps, décisions automatisées, infrastructures énergivores : ces dynamiques ne sont pas séparées. Elles participent d'un même régime qui dépasse progressivement les capacités d'ajustement du vivant.

L'affectation ne se manifeste pas toujours par des ruptures visibles. Elle s'inscrit dans une usure lente, dans une adaptation silencieuse. Le vivant s'ajuste, compense, absorbe. Mais cette capacité n'est pas infinie. Lorsqu'elle est sollicitée sans reconnaissance ni limite, elle se transforme en fragilité.

Cette spirale a montré que les réponses purement techniques ne suffisent plus. Optimiser des systèmes qui dépassent déjà les seuils revient à déplacer les effets sans les résoudre. Le vivant ne demande pas à être rendu plus performant ; il demande à être rendu habitable.

Habitable signifie : avec des rythmes soutenables, des limites reconnues, des espaces de retrait possibles. Là où ces conditions ne sont pas réunies, la précarité s'installe — qu'elle soit écologique, cognitive, sociale ou existentielle. Cette précarité n'est pas une anomalie du système ; elle en devient une conséquence structurelle.

Reconnaître que le vivant est déjà affecté ne conduit pas à un constat d'impuissance. Cela oblige à un déplacement du regard. Ne plus penser l'avenir uniquement en termes de solutions à venir, mais aussi en termes de réparations nécessaires, de ralentissements assumés, de renoncements lucides.

Cette reconnaissance engage une responsabilité particulière. Elle ne se situe pas seulement au niveau des politiques publiques ou des choix industriels. Elle traverse les usages quotidiens, les organisations du travail, les formes de coopération. Elle appelle une attention renouvelée à ce que chaque dispositif fait réellement au vivant.

Rien n'est clos ici. Les atteintes continueront de produire leurs effets, parfois de manière irréversible. Ce qui peut rester ouvert, en revanche, c'est la possibilité de ne plus les ignorer, de ne plus les considérer comme de simples dommages collatéraux, et de les intégrer pleinement dans le discernement collectif.

Cette spirale ne propose pas de sortie spectaculaire. Elle offre un point d'appui. Un lieu à partir duquel regarder autrement ce qui est déjà engagé. Un lieu où la question cesse d'être uniquement : qu'est-ce que la technologie permet ? et devient : qu'exige-t-elle du vivant ? Reconnaître là où le vivant est déjà affecté, c'est accepter de gouverner à partir du réel, plutôt qu'à partir d'un idéal abstrait. C'est peut-être depuis cette lucidité, discrète mais décisive, qu'une orientation juste peut encore se tenir — non pour réparer tout ce qui a été atteint, mais pour ne pas continuer à affecter ce qui pourrait encore l'être autrement.

Tenir le seuil du vivant

Coopérer avec la machine n'implique pas de s'effacer. Tenir le seuil, c'est rester présent là où l'outil calcule plus vite. C'est maintenir une souveraineté intérieure : celle de discerner, de nommer, de répondre.

✦Conclusion

Ce livre n'a pas cherché à dire ce qu'il faudrait penser de la technologie, ni à trancher entre adhésion et rejet. Il a tenté autre chose : regarder ce qui se transforme lorsque le rythme des machines précède celui du vivant, lorsque l'optimisation devient un principe d'organisation globale, lorsque le jugement humain se délègue sans toujours se dire.

À travers les spirales parcourues, une ligne s'est dessinée. Non comme une thèse à défendre, mais comme une évidence progressivement reconnue : la question centrale n'est pas celle de la puissance des machines, mais celle de la capacité humaine à rester présente à ce qu'elle engage. Là où cette présence se retire, la technique ne devient pas seulement un outil ; elle devient un milieu qui décide à la place de ceux qui l'habitent.

L'accélération n'est pas en soi un mal. Elle devient problématique lorsqu'elle rompt la continuité intérieure, lorsqu'elle empêche l'ajustement, lorsqu'elle exige une adaptation permanente sans offrir de seuils de récupération. Le vivant, qu'il soit individuel ou collectif, ne peut pas se maintenir dans un régime de sollicitation continue sans s'altérer.

L'intelligence artificielle, loin d'être une entité autonome, s'est révélée comme un miroir amplificateur. Elle reflète ce que nous priorisons, ce que nous mesurons, ce que nous acceptons de rendre invisible. Là où les valeurs ne sont pas interrogées, elles se figent dans les systèmes. Là où les choix ne sont pas assumés, ils se naturalisent.

La délégation du jugement a montré son ambivalence. Elle soulage, elle soutient, elle éclaire. Mais lorsqu'elle devient substitution, elle fragilise la responsabilité. Le discernement ne disparaît pas brutalement ; il s'atrophie. Et cette atrophie a des effets concrets : précarisation, perte de repères, difficulté à se projeter, effacement des lieux où la décision peut être reprise et expliquée.

La coopération entre l'humain et la machine n'est donc ni à rejeter ni à idéaliser. Elle demande des conditions. Elle demande une autorité humaine clairement tenue sur le sens, sur les finalités, sur les limites. Une coopération orientée vers le bien commun ne peut pas se contenter d'optimiser des processus ; elle doit rester attentive à ce qu'elle fait au vivant.

Les dernières spirales ont rendu visible ce qui est déjà affecté. Les corps, les attentions, les relations, les milieux. Le travail tertiaire sous tension cognitive, le télétravail inscrit dans un réseau sans repos, les décisions automatisées qui produisent de l'instabilité, les seuils écologiques déjà franchis. Rien de tout cela n'est abstrait. Ce sont des expériences vécues, souvent silencieuses, rarement reconnues comme systémiques. Habiter le numérique sans s'y dissoudre est apparu non comme un idéal à atteindre, mais comme une vigilance à tenir. Introduire des seuils là où tout pousse à la continuité. Maintenir des espaces de retrait là où la connexion est permanente. Préserver des formes de parole, de relation et de présence qui ne se laissent pas entièrement traduire en données.

Ce livre ne propose pas de solution clé en main, parce que le vivant ne se gouverne pas par recette. Il appelle à un déplacement du regard. À une attention renouvelée aux rythmes, aux limites, aux effets réels des choix techniques. À la reconnaissance que tout ce qui est possible n'est pas nécessairement habitable.

Rien n'est clos. Les technologies continueront d'évoluer. Les systèmes gagneront en puissance. Les tensions s'intensifieront. Mais ce qui peut rester ouvert, c'est la capacité humaine à ne pas se déposséder entièrement de son jugement, à tenir la relation, à orienter les coopérations plutôt que de les subir.

Le seuil du vivant n'est pas un lieu à atteindre plus tard. Il est déjà là, dans chaque décision, chaque usage, chaque renoncement ou chaque limite posée. Le reconnaître ne demande pas un héroïsme particulier. Cela demande une présence. Une présence suffisamment lucide pour voir ce qui est en train de se jouer, et suffisamment humble pour accepter que la vie ne se laisse pas entièrement optimiser.

Tenir cette présence, aujourd'hui, est peut-être l'acte le plus politique qui soit.

✦Repères bibliographiques — Pour prolonger la traversée

Ce livre n'a pas été écrit pour constituer une thèse, ni pour enfermer la question technologique dans un appareil savant. Il a été écrit comme une traversée : un espace de vigilance, un seuil où l'humain peut reprendre place face à ce qu'il délègue.
Cependant, aucune réflexion ne naît dans le vide. Les pages qui précèdent résonnent avec une constellation d'auteurs et de penseurs qui, chacun à leur manière, ont interrogé la condition humaine, la technique, le pouvoir, la vitesse, et la manière dont une société se façonne à travers ses dispositifs.
Ces repères ne sont pas des autorités à suivre, mais des compagnons possibles pour prolonger l'attention, ouvrir d'autres perspectives, ou approfondir certaines lignes de force évoquées ici.

Hannah Arendt — *La Condition de l'homme moderne*
Une pensée majeure sur l'action, la responsabilité, et ce qui advient lorsque l'humain se retire de sa propre capacité d'agir dans le monde commun.

Bernard Stiegler — *La Société automatique*
Une analyse puissante de l'automatisation contemporaine, de la perte du discernement collectif, et de la manière dont la technique peut capturer le temps, l'attention et le désir.

Gilbert Simondon — *Du mode d'existence des objets techniques*
Un texte fondateur pour comprendre la technique non comme simple outil, mais comme milieu, comme réalité culturelle et relationnelle, transformant en profondeur la manière d'habiter le monde.

Shoshana Zuboff — *L'Âge du capitalisme de surveillance*
Un éclairage essentiel sur les logiques économiques qui sous-tendent les plateformes numériques, la collecte de données, et la transformation de l'expérience humaine en ressource exploitable.

Edgar Morin — *La pensée de la complexité*
Une invitation à résister aux simplifications, à tenir ensemble les dimensions techniques, humaines, sociales et écologiques, sans réduire le réel à un calcul.

Ces lectures ne sont pas nécessaires pour entrer dans ce livre. Elles peuvent simplement offrir, pour celles et ceux qui le souhaitent, un prolongement : une manière de continuer à penser sans se précipiter, et de maintenir ouvert ce lieu fragile où la technique rencontre le vivant.

✦Note de clôture

Ce livre ne se referme pas comme un dossier abouti, ni comme une réponse stabilisée. Il se referme comme on quitte un lieu après y avoir tenu présence. Les spirales parcourues n'avaient pas pour vocation de condamner la technique, ni de la sauver. Elles visaient à rendre perceptible ce qui, déjà, agit sur nos corps, nos rythmes, nos jugements, nos liens — souvent sans bruit, sans conflit déclaré, sans décision explicite. Ce qui transforme en profondeur ne procède pas toujours par rupture. Cela procède par glissement. À mesure que les systèmes techniques gagnent en vitesse, en puissance et en autonomie apparente, une question demeure irréductible : qui tient encore le rythme du vivant ? Non pas qui contrôle, ni qui optimise, mais qui demeure capable de sentir les seuils, d'habiter l'incertitude, de maintenir une autorité intérieure face à ce qui calcule plus vite que nous. L'enjeu n'est pas de refuser la coopération humain–machine. Elle est déjà là. L'enjeu est de ne pas s'y dissoudre. De ne pas déléguer sans conscience. De ne pas confondre assistance et abdication. De ne pas laisser le jugement s'éteindre sous prétexte de confort. Là où le vivant est affecté, il n'est pas encore perdu. Il appelle une attention plus fine, un ralentissement juste, une responsabilité assumée. Il appelle des humains capables de tenir la relation — avec la machine, avec le monde, avec eux-mêmes — sans se retirer de leur place.
Ce livre s'arrête ici. Mais ce qu'il désigne, lui, continue. À chacun désormais de discerner où il se tient dans la spirale, et à partir de quel point il choisit de répondre.

✦Résumé

L'OMBRE ET LA LUMIERE DES MACHINES
Intelligence artificielle et souveraineté du vivant

L'intelligence artificielle s'impose aujourd'hui comme une puissance diffuse, intégrée aux gestes les plus ordinaires : recruter, soigner, orienter l'attention, décider. Elle promet efficacité, objectivité, soulagement. Pourtant, derrière cette promesse se dessine un risque silencieux : celui d'un retrait progressif de la responsabilité humaine. La machine ne remplace pas toujours explicitement, elle structure, oriente, installe un monde où le jugement se délègue sans se dire, et où le vivant peut perdre son rythme, sa continuité, son visage.

Le livre explore ce déplacement à travers plusieurs spirales : accélération technologique, dépendance cognitive, projection des valeurs humaines dans les systèmes, fragilisation de la présence. L'IA n'est jamais neutre : elle porte des hiérarchies implicites, reproduit des exclusions, amplifie des préférences déjà présentes. Ce qui échappe à la donnée — nuance, silence, relation — risque d'être relégué hors champ. L'enjeu devient alors anthropologique : comment rester sujet dans un monde où la décision devient sans visage ?

L'ouvrage ne propose pas un refus de la technique, mais un repositionnement. Il invite à tenir le seuil : reconnaître la puissance des outils sans leur abandonner le sens. Réhabiliter la lenteur, la continuité, l'écoute incarnée. La coopération humain–machine devient possible si elle demeure orientée par une responsabilité assumée, et non par un automatisme silencieux.

L'ombre et la lumière des machines ne se jouent pas dans les algorithmes seuls, mais dans notre manière d'habiter le numérique. Reconnaître cette projection est une condition de maturité. Le vivant peut alors retrouver sa souveraineté : non comme domination, mais comme présence capable de discerner, d'aimer sans déléguer, de tenir ensemble ce qui est mesurable et ce qui demeure irréductible.

✦À propos de l'auteure

Nadia Smahi écrit à la frontière du vivant et des systèmes. Directrice et auteure, elle explore dans ses ouvrages la manière dont les technologies contemporaines transforment notre rapport au temps, à la présence, au jugement et à la relation.

Son écriture, à la fois accessible et exigeante, cherche moins à commenter l'intelligence artificielle comme un objet extérieur qu'à interroger ce qu'elle révèle de nos choix collectifs, de nos valeurs implicites et de notre capacité à demeurer souverains dans un monde automatisé.

À travers une pensée du seuil, elle propose une voie de discernement : habiter la technique sans s'y dissoudre, tenir ensemble ce qui est mesurable et ce qui demeure irréductible, préserver une éthique incarnée au service du vivant.

✦Table des matières

✦Note d'auteur 2

✦Note d'intention globale 3

✦Introduction 4

★SPIRALE I — Accélération technologique et perte du rythme 8

✦Chapitre I — Quand la vitesse rompt la présence 10

✧1.1. Le temps humain avant la machine 12

✧1.2. La naissance du temps optimisé 16

✧1.3. Corps, fatigue et surcharge invisible 19

✧1.4. Attention fragmentée et perte de continuité 22

✧1.5. Urgence, performance et fausse vitalité 25

✧1.6. Rythme vivant et seuils nécessaires 29

★SPIRALE II — L'IA comme projection de valeurs humaines 35

✦Chapitre II — La machine comme miroir amplificateur 38

✧2.1. L'illusion de la neutralité technique 40

✧2.2. Données, choix et hiérarchies implicites 44

✧2.3. Ce que la machine ne peut pas voir 48

✧2.4. Biais, exclusions et silences organisés 52

✧2.5. Projection humaine et responsabilité symbolique 62

✧2.6. Se regarder sans détour 65

★SPIRALE III — Dépendance cognitive et délégation du jugement ... 71

✦Chapitre III — Quand le jugement se délègue sans se dire 74

✧3.1. Histoire humaine de la délégation 76

✧3.2. De l'aide à la substitution 80

✧3.3. Le confort de la recommandation 84

✧3.4. Atrophie du discernement 87

✧3.5. Responsabilité diluée et zones grises 90
✧3.6. Reprendre le jugement 94
★SPIRALE IV — Coopération humain–machine orientée vers le bien commun 100
✦Chapitre IV — Tenir la relation, orienter la coopération 102
✧4.1. Coopérer n'est plus un choix 105
✧4.2. Limites de l'optimisation 109
✧4.3. Discernement comme autorité humaine 112
✧4.4. Éthique du vivant incarnée 115
✧4.5. Gouverner sans se déposséder 119
★SPIRALE V — Là où le vivant est déjà affecté 126
✧5.1. Écologie et seuils planétaires 128
✧5.2. Travail tertiaire et fatigue cognitive 132
✧5.3. Télétravail, isolement et porosité des temps 136
✧5.4. Décision automatisée et précarisation 139
✧5.5. Habiter le numérique sans s'y dissoudre 149
✦Conclusion 155
✦Repères bibliographiques — Pour prolonger la traversée 157
✦Note de clôture 158
✦Résumé 159
✦À propos de l'auteure 160
✦Table des matières 161

Ce livre ne se termine pas. Il se dépose.
À chacun, maintenant, de tenir son propre
seuil.¶

www.ingramcontent.com/pod-product-compliance
Lightning Source LLC
LaVergne TN
LVHW010753051026
849532LV00007B/2362
* 9 7 8 2 4 8 8 6 7 6 1 3 7 *